2015
农业资源环境保护与农村能源发展报告

农业部农业生态与资源保护总站

U0305628

中国农业出版社

图书在版编目（CIP）数据

2015农业资源环境保护与农村能源发展报告 ／ 农业部农业生态与资源保护总站编. —北京：中国农业出版社，2015.11
ISBN 978-7-109-21201-5

Ⅰ．①2… Ⅱ．①农… Ⅲ．①农业环境保护-研究报告-中国-2015②农村能源-研究-中国-2015 Ⅳ.①X322.2②F323.214

中国版本图书馆CIP数据核字（2015）第285905号

中国农业出版社出版
（北京市朝阳区麦子店街18号楼）
（邮政编码 100125）
责任编辑 刘 伟 冀 刚

北京通州皇家印刷厂印刷 新华书店北京发行所发行
2015年12月第1版 2015年12月北京第1次印刷

开本：889mm×1194mm 1/16 印张：4.5
字数：120千字
定价：78.00元
（凡本版图书出现印刷、装订错误，请向出版社发行部调换）

编委会

主　　编：王衍亮

副 主 编：高尚宾　王久臣　李　波　李少华

编写人员（以姓名笔画为序）：

万小春　习　斌　王　飞　王　海　王全辉

王瑞波　朱平国　闫　成　孙仁华　孙玉芳

孙丽英　孙建鸿　李　苓　李　想　李冰峰

李欣欣　李垚奎　李晓华　李景明　张宏斌

周　玮　郑顺安　徐志宇　高文永　唐杰伟

黄宏坤　梁　苗　董保成　强少杰　靳　拓

管大海　薛颖昊

执行编辑：朱平国　王瑞波　梁　苗　李欣欣

前　言

　　2014年，农业资源环境保护与农村能源建设外部环境继续向好，政策扶持不断加强，体制机制逐步理顺，事业发展迈上新台阶。中共十八届四中全会通过的《中共中央关于全面推进依法治国若干重大问题的决定》对加强生态环境保护法制建设提出了明确要求。中共中央、国务院印发的《关于全面深化农村改革加快推进农业现代化的若干意见》要求促进生态友好型农业发展，开展农业资源休养生息试点，加大生态保护建设力度，因地制宜发展户用沼气和规模化沼气。十二届全国人大常委会第八次会议表决通过了《环境保护法》，是实施25年来的首次修订，开始服务于广大公众对依法建设"美丽中国"的新期待。国务院办公厅印发的《能源发展战略行动计划（2014—2020年）》提出实施"绿色低碳战略"，把发展清洁低碳能源作为调整能源结构的主攻方向。农业部部长韩长赋专程到农业部农业生态与资源保护总站调研，提出今后一个时期农业生态和资源环境保护的重点任务，要求有关部门要团结协作，整合资源，群策群力，狠抓落实。农业部副部长张桃林在全国农业资源环境保护工作会上强调要加大农业资源环境保护扶持力度，加快推进农业资源环境保护法制建设，健全农业资源环境管理体系建设，加强农业资源环境保护利用科技创新，为农业农村经济可持续发展提供强劲动力。国家发展和改革委员会与农业部联合召开全国首次农业循环经济现场会，研究探讨发展农业循环经济的政策措施。中央和有关部门的一系列重大决策部署，为全国农业资源环境保护与农村能源建设工作指明了方向、注入了动力、振奋了人心。各级农业资源环境保护与农村能源管理体系围绕中央的决策部署，结合本行业、本地区、本单位的实际情况，开拓进取，勇于创新，在农业资源环境保护与农村能源建设领域做了大量卓有成效的工作，打造了许多新的亮点。

　　为了全面总结一年来农业资源环境保护与农村能源建设工作取得的显著成效，宣传推广各地在工作实践中创造出来的典型做法和经验模式，农业部农业生态与资源保护总站组织编写了《2015农业资源环境保护与农村能源发展报告》。报告根据新的形势和有关要求，在板块设计上增加了"特别关注"和"信息与培训"板块，力求体现资源环境保护与农村能源建设新格局，在内容安排上继续实行面上情况与点上经验相结合、中央与地方相结合，尽量多吸纳各地创造的典型做法、经验和模式，努力为行业体系搭建一个相互学习、交流和借鉴的平台。

　　本报告的编写得到了农业部科技教育司的大力支持，各省（自治区、直辖市）及计划单列市农业资源环保站、农村能源办以及新疆生产建设兵团、黑龙江农垦总局有关机构为报告编写提供了大量数据资料和典型案例，在此一并表示感谢！

　　由于现有体制和职能配置原因，草原生态、渔业资源环境、耕地保护等相关行业领域的数据资料已通过其他行业发展报告、工作年报等方式对外公布。因此，本报告未将这些领域的相关内容纳入进来，敬请读者理解。

编　者

2015年10月

目录 CONTENTS

特别关注

中共十八届四中全会审议通过
《中共中央关于全面推进依法治国若干重大问题的决定》
（2014年10月）

《决定》指出：用严格的法律制度保护生态环境，加快建立有效约束开发行为和促进绿色发展、循环发展、低碳发展的生态文明法律制度，强化生产者环境保护的法律责任，大幅度提高违法成本。建立健全自然资源产权法律制度，完善国土空间开发保护方面的法律制度，制定完善生态补偿和土壤、水、大气污染防治及海洋生态环境保护等法律法规，促进生态文明建设。

中共中央、国务院印发2014年中央1号文件
《关于全面深化农村改革加快推进农业现代化的若干意见》
（2014年1月）

《意见》指出：促进生态友好型农业发展。落实最严格的耕地保护制度、节约集约用地制度、水资源管理制度、环境保护制度，强化监督考核和激励约束。分区域规模化推进高效节水灌溉行动。大力推进机械化深松整地和秸秆还田等综合利用，加快实施土壤有机质提升补贴项目，支持开展病虫害绿色防控和病死畜禽无害化处理。加大农业面源污染防治力度，支持高效肥和低残留农药使用、规模养殖场畜禽粪便资源化利用、新型农业经营主体使用有机肥、推广高标准农膜和残膜回收等试点。开展农业资源休养生息试点。抓紧编制农业环境突出问题治理总体规划和农业可持续发展规划。启动重金属污染耕地修复试点。从2014年开始，继续在陡坡耕地、严重沙化耕地、重要水源地实施退耕还林还草。开展华北地下水超采漏斗区综合治理、湿地生态效益补偿和退耕还湿试点。通过财政奖补、结构调整等综合措施，保证修复区农民总体收入水平不降低。加大生态保护建设力度。抓紧划定生态保护红线。加大天然草原退牧还草工程实施力度，启动南方草地开发利用和草原自然保护区建设工程。支持饲草料基地的品种改良、水利建设、鼠虫害和毒草防治。严格控制渔业捕捞强度，继续实施增殖放流和水产养殖生态环境修复补助政策。实施江河湖泊综合整治、水土保持重点建设工程，开展生态清洁小流域建设。因地制宜发展户用沼气和规模化沼气。

十二届全国人大常委会第八次会议表决通过《环境保护法》修订案
（2014年4月）

新《环境保护法》提出了加强农业资源环境保护与农村能源建设的具体措施。

第三十三条 各级人民政府应当加强对农业环境的保护，促进农业环境保护新技术的使用，加

强对农业污染源的监测预警，统筹有关部门采取措施，防治土壤污染和土地沙化、盐渍化、贫瘠化、石漠化、地面沉降以及防治植被破坏、水土流失、水体富营养化、水源枯竭、种源灭绝等生态失调现象，推广植物病虫害的综合防治。

县级、乡级人民政府应当提高农村环境保护公共服务水平，推动农村环境综合整治。

第四十条 国家促进清洁生产和资源循环利用。

国务院有关部门和地方各级人民政府应当采取措施，推广清洁能源的生产和使用。

企业应当优先使用清洁能源，采用资源利用率高、污染物排放量少的工艺、设备以及废弃物综合利用技术和污染物无害化处理技术，减少污染物的产生。

第四十九条 各级人民政府及其农业等有关部门和机构应当指导农业生产经营者科学种植和养殖，科学合理施用农药、化肥等农业投入品，科学处置农用薄膜、农作物秸秆等农业废弃物，防止农业面源污染。

禁止将不符合农用标准和环境保护标准的固体废物、废水施入农田。施用农药、化肥等农业投入品及进行灌溉，应当采取措施，防止重金属和其他有毒有害物质污染环境。

畜禽养殖场、养殖小区、定点屠宰企业等的选址、建设和管理应当符合有关法律法规规定。从事畜禽养殖和屠宰的单位和个人应当采取措施，对畜禽粪便、尸体和污水等废弃物进行科学处置，防止污染环境。

县级人民政府负责组织农村生活废弃物的处置工作。

第五十条 各级人民政府应当在财政预算中安排资金，支持农村饮用水水源地保护、生活污水和其他废弃物处理、畜禽养殖和屠宰污染防治、土壤污染防治和农村工矿污染治理等环境保护工作。

国务院办公厅印发《能源发展战略行动计划（2014—2020年）》
（国办发〔2014〕31号）

《计划》确立"四个革命"、"一个合作"的能源发展国策。"四个革命"即：推动能源消费革命，抑制不合理能源消费；推动能源供给革命，建立多元供应体系；推动能源技术革命，带动产业升级；推动能源体制革命，打通能源发展快车道。"一个合作"即：全方位加强国际合作，实现开放条件下能源安全。

《计划》提出实施"绿色低碳战略"，着力优化能源结构，把发展清洁低碳能源作为调整能源结构的主攻方向。坚持发展非化石能源与化石能源高效清洁利用并举，逐步降低煤炭消费比重，大力发展可再生能源，提高天然气消费比重，大幅增加风电、太阳能、地热能、生物质能、海洋能等可再生能源和核电消费比重。到2020年，非化石能源占一次能源消费比重达到15%，天然气比重达到10%以上，煤炭消费比重控制在62%以内。到2030年，非化石能源占一次能源消费比重提高到20%左右。

国务院办公厅关于印发大气污染防治行动计划实施情况考核办法（试行）的通知

（国办发〔2014〕21号）

作为《大气十条》重要配套政策性文件，《考核办法》明确了实行《大气十条》的责任主体与考核对象，确立了以空气质量改善为核心的评估考核思路，标志着我国最严格大气环境管理责任与考核制度正式确立。其中要求，建立秸秆禁烧工作目标管理责任制，明确市、县和乡镇政府以及村民自治组织的具体责任，严格实施考核和责任追究。对环境保护部公布的秸秆焚烧卫星遥感监测火点开展实地核查，严肃查处禁烧区内的违法焚烧秸秆行为。

韩长赋部长一行到农业部农业生态与资源保护总站调研

8月28日，农业部部长韩长赋、副部长张桃林、总经济师毕美家等来农业部农业生态与资源保护总站（以下简称生态总站）调研，在听取生态总站等有关单位汇报后，韩部长指出，要切实增强做好农业生态资源保护工作的紧迫感和责任感。无论是从实现保供给的目标任务看，还是从外部环境的影响、农业生产经营的方式以及社会公众的要求看，今后仍面临重大挑战：确保国家粮食安全和重要农产品有效供给的压力越来越大；农业资源数量减少与质量恶化的问题越来越突出；人民群众对农业农村生态环境问题的关注度越来越高。当前，加强农业生态和资源环境保护正面临前所未有的历史机遇。中共十八大做出了五位一体的战略部署，提出把生态文明建设放在突出地位，融入经济建设、政治建设、文化建设、社会建设各方面和全过程。习近平总书记明确指出，要以缓解地少水缺的资源环境约束为导向，深入推进农业发展方式转变。中央做出的一系列重大部署，为推进农业资源环境保护工作指明了方向。

韩部长强调，要研究和抓好农业生态和资源环境保护重点任务。农业生态和资源

韩长赋部长在调研座谈会上讲话

韩长赋部长一行看望生态总站干部职工

环境保护工作千头万绪，任务艰巨繁重，要按照"两个持续提高"的要求，聚焦社会关注、群众关心的突出问题，下决心解决。一是化肥，要科学施肥，多施有机肥，经过几年努力力争使化肥施用量实现零增长；二是农药，要科学用药，多用生物措施防虫治病，把剧毒、高残留的农药用量减下来；三是畜禽粪便，要推广规模化养殖，提高畜禽粪便的资源利用率，把污染降下来；四是秸秆，要加大示范力度和政策引导力度，研究秸秆资源全量化利用；五是地膜，要搞好政策创设，实行地膜以旧换新，把废旧地膜回收上来，同时要加快可降解地膜的研发推广；六是重金属污染，要通过边种植、边修复、边治理方式，努力遏制重金属污染。

韩部长要求，各有关部门要团结协作，整合资源，群策群力，狠抓落实。农业部门要围绕一个目标，各司其职，协同整合，推进农业生态与资源保护工作落实。要以生态总站为平台，一是加强监测评价，做到情况清、底数明，为研究、分析、判断和决策提供参考；二是做好支撑和服务，围绕中心，积极创新，做好政策分析和储备，当好参谋助手；三是组织好示范工程和示范典型，要从示范中总结治理模式、工作机制、技术路线，加以推广；四是加强人才队伍建设，创新体制机制，加强培训交流，形成凝聚人才的氛围和工作合力。

张桃林副部长出席全国农业资源环境保护工作会议并讲话

2014年全国农业资源环境保护工作会议

11月14日，农业部在云南昆明召开全国农业资源环境保护工作会议，农业部副部长张桃林出席会议并讲话。

张桃林强调，要深刻认识当前农业资源环境保护工作面临的严峻挑战和难得机遇，增强紧迫性和责任感，加大农业资源环境保护扶持力度，加快推进农业资源环境保护法制建设，健全农业资源环境管理体系建设，加强农业资源环境保护利用科技创新，为农业农村经济可持续发展提供强劲动力。

张桃林指出，要落实建设中国特色社会主义"五位一体"的总体布局，牢固树立尊重自然、顺应自然、保护自然的生态文明理念，以生产力持续提高、资源永续利用和生态环境不断改善为目标，以保障国家粮食安全和主要农产品有效供给、农民持续增收为前提，以保护农业资源、减少投入品使用、治理环境污染、修复农业生态为手段，推进农业发展方式转变，建立农业资源环境保护长效机制，实现粮食和主要农产品有效供给安全、农产品质量安全和农产品产地（资源环境）安全的三个安全以及生产发展、生活提高、生态良好的三生共赢，确保资源环境对现代农业发展的可持续支撑能力，不断提升农业生态文明程度。

张桃林要求，今后一个时期，要坚持农业资源环境保护与农业生产相统筹、外源污染防控与内源污染治理相协同、政府引导与社会参与相结合的原则，以"两个持续提高"为工作目标，重点做好农产品产地土壤重金属污染普查，抓好重金属污染治理修复工作，探索建立耕地重金属污染防治的长效机制；强化农业面源污染监测，抓好示范建设，推进农业面源污染综合防控常态化；加大秸秆机械化还田力度，全面推进秸秆循环利用，建设一批秸秆综合利用示范县，扎实推进秸秆综合利用步伐；加强地膜监管，加大推动地膜回收与资源化利用力度，启动可降解地膜示范和推广，推动农田残膜污染治理取得新成效；探索农业野生植物保护和合理利用的新机制，推进农业物种资源保护工作再提升；力争实现外来入侵生物防控管理工作制度化、监测预警信息化、防治工作长效化、防控管理分类化；实施现代生态农业重点工程，加强标准化建设，加快推进现代生态农业创新发展；树立不同地区美丽乡村典型，推动形成农业农村环境联动整治和美丽乡村建设新局面。

国家发展和改革委员会与农业部联合召开全国首次农业循环经济现场会

11月20～21日，国家发展和改革委员会与农业部在安徽省阜阳市共同召开全国农业循环经济现场会，主要任务是贯彻落实《循环经济发展战略及近期行动计划》，总结、交流、推广农业循环经济典型经验，研究探讨发展农业循环经济的措施，加快转变农业发展方式，提高农业生态文明水平。

国家发展和改革委员会解振华副主任出席会议并指出，发展农业循环经济是一项系统工程，不仅要发挥市场对资源配置的决定性作用，也要求政府加强规划指导，完善政策机制。要进一步强化问题导向，总结经验，抓住重点环节全面推进，着力源头减量，推动节水、节地、减肥、减药，提高农业资源利用率；着力推动农业废弃物的资源化利用，加强畜禽粪污、林木废弃物、废旧农膜的回收利用，减少资源浪费和环境污染；着力强化产业系统集成，构建农业内部、农业与林业间、农业、工业、服务业间和区域的循环产业链，形成多功能大循环农业体系。下一步，国家将加大对农业循环经济的支持力度，研究支持农业循环经济发展的措施。重点从强化规划指导、完善政策机制、开展示范工程、创新组织形式、强化技术标准、健全服务体系和加强培训推广等方面开展工作。

农业部科技教育司唐珂司长介绍了农业部门推动循环经济发展取得的成效与经验。农业部门按照生态文明建设的总体要求，以农村沼气建设、农作物秸秆和农田残膜综合利用、农业清洁生产技术应用、农村清洁工程建设和生态循环农业发展为重要载体，积极探索农业循环经济发展模式，深入推进农业投入品减量化使用和农业废弃物资源化再利用，取得了积极进展。发展农业循环经济，必须重视健全政策法规、科学规划、强化投入、完善机制等环节，下一步将重点抓好节约型农业、农业产业链条延伸、废弃物资源化利用和农业资源保护与利用等工作，把农业循环经济抓实、抓好。

《甘肃省农村能源条例》修订颁布
（2014年7月）

7月31日，甘肃省第十二届人大常委会第十次会议审议通过了《甘肃省农村能源条例》，自2014年10月1日起施行。与1998年9月28日出台的《甘肃省农村能源建设管理条例》相比较，新修订的《条例》在贯彻《农业法》、《可再生能源法》的基础上，从沼气综合利用、秸秆能源化利用、太阳能综合开发、节能技术四个方面丰富了农村能源产业发展内涵；从资金扶持、服务平台建设两个方面规定了政府的扶持与服务职责；从土地利用、产品补贴、用电价格、税收四个方面制定了优惠政策；从沼气、秸秆气的生产和使用两个环节明确了安全主体责任。既是对多年来甘肃省农村能源开发利用与节约实践的规范化和制度化，又吸收和借鉴了外省立法经验，构建了一套符合甘肃省实际和产业发展规律的法律规范，为依法促进农村能源合理开发、科学利用提供了强有力的法律保障。

国家电网公司印发《分布式电源并网服务管理规则（修订版）》
（2014年1月）

《规则》要求国家电网公司在用户所在场地或附近建设安装，运行方式以用户侧自发自用为主、多余电量上网，且在配电网系统平衡调节为特征的发电设施或有电力输出的能量综合梯级利用多联供设施（包括太阳能、天然气、生物质能、风能、地热能、海洋能、资源综合利用发电等分布式电源并网系统），提供"便捷高效、一口对外"的服务。

《规则》适用于两种类型分布式电源（不含小水电），即第一类是10千伏以下电压等级接入，且单个并网点总装机容量不超过6兆瓦的分布式电源；第二类是35千伏电压等级接入，年自发自用大于50%的分布式电源，或10千伏电压等级接入且单个并网点总装机容量超过6兆瓦，年自发自用电量大于50%的分布式电源。

体系建设

2014年，农业资源环境保护与农村能源体系继续得到各级政府和有关部门的高度重视和大力支持，机构数量有所增长，人员队伍不断壮大，条件手段继续改善，各方面关系进一步理顺，体系交流和协作不断强化，推动行业发展、产业升级和技术服务的能力明显提高。

组织机构

2014年，全国省、地（市）、县（区）三级农业资源环境保护机构总数达到2 450个，比上年增长2.59%。其中，省级33个、地市级317个、县（区）级2 100个。

从管理体制看，全国农业环境保护机构中，属于行政机关的127个，参公单位119个，事业单位的2 204个；独立设置的994个，合署办公的1 034个，其他类型的422个。

2014年，全国农村能源管理推广机构1.2922万个，比上年减少0.8%。其中，省级41个、占0.32%，地（市）级333个、占2.58%，县（区）级2 661个、占20.59%，乡（镇）级9 887个，占76.51%。

从管理体制看，在省级农村能源管理推广机构中，属于行政机关的13个，占31.7%；参公单位7个，占17.1%；事业单位21家，占51.2%。

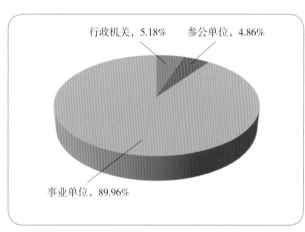

全国各级农业资源环境保护机构属性

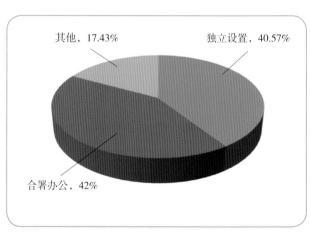

全国农业资源环境保护机构设置

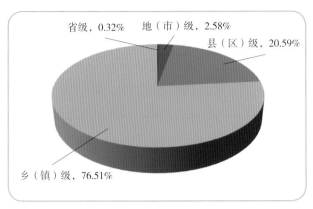

全国各级农村能源管理推广机构设置

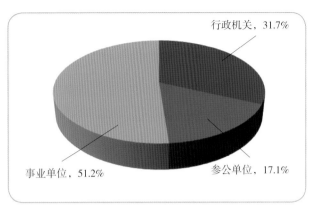

全国省级农村能源管理推广机构属性

人员队伍

截至2014年年底，全国省、地（市）、县（区）三级农业资源环保机构从业人员12 953人，比上年增长0.25%。其中，省级552人、地市级2 021人、县（区）级10 380个。

按编制分，公务员编制291人，占2.25%；参公编制868人，占6.70%；事业单位编制11 794人，占91.05%。

按年龄分，35岁及以下人员3 135人，占24.21%；36~49岁人员7 275人，占56.16%；50岁及以上人员2 543人，占19.63%。

按学历分，具有研究生学历的592人，占4.57%；具有本科学历的5 705人，占44.04%；大专学历的4 519人，占34.89%；中专及以下学历的2 137人，占16.50%。

按职称分，具有职称的12 298人，其中，高级职称人员2 371人，占19.28%；中级职称人员5 103人，占41.49%；初级职称3 481人，占28.31%，技工（师）职称1 343人，占10.92%。

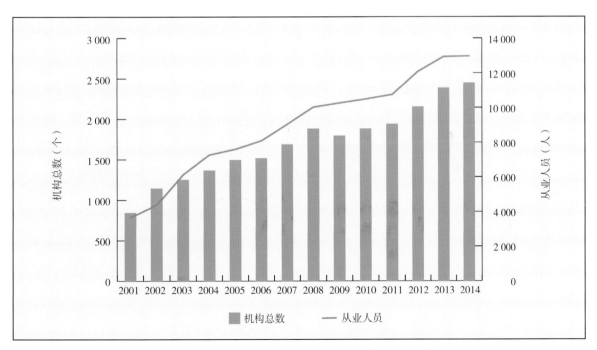

2001—2014年全国农业环境保护机构及人员情况

2014年，各级农村能源管理推广机构人数38 897人，比上年减少2.8%。其中，省级550人，占1.41%；地（市）级1 984人，占5.1%；县（区）级15 660人，占40.26%；乡（镇）级20 703人，占53.23%。

按文化程度分，本科及以上9 676人，占24.88%；大专1.69万人，占43.57%；高中及以下1.23万人，占31.55%。

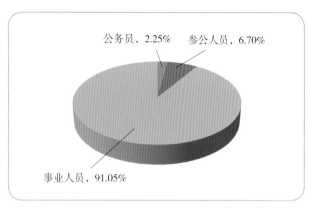

农业资源环境保护人员编制情况

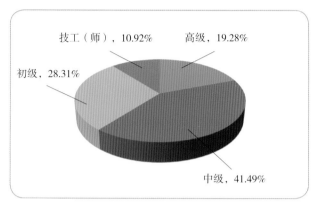

农业资源环境保护人员职称情况

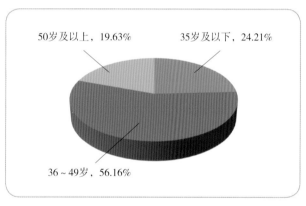

农业资源环境保护人员年龄情况

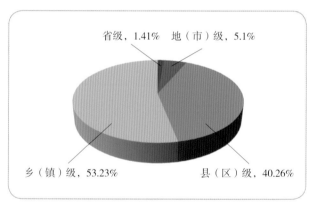

各级农村能源管理推广机构人数情况

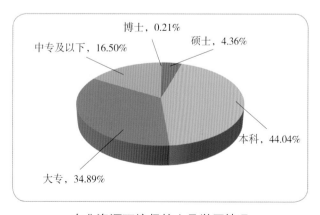

农业资源环境保护人员学历情况

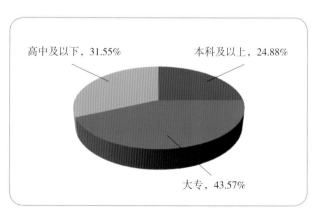

各级农村能源管理推广机构人员学历情况

吉林省加强农业资源环境保护体系建设

在吉林省农业环境保护与农村能源管理总站加挂吉林省农产品质量安全监督检验测试综合中心牌子，隶属于吉林省农业委员会的公益一类事业单位。2014年省站新的化验大楼建成，面积由原有的400平方米扩建到3 000平方米，新增大型仪器设备20多台套。近年来，吉林省农业环保系统利用全国农业质检体系建设投资和世界银行贷款资金，获得仪器设备投资2亿多元，拥有气相色谱、原子吸收、液相色谱等大型检测仪器设备300多台套，硬件设施得到极大改善，检测能力水平得到显著提升。

体系服务

一、举办农业资源环境保护和农村能源体系省级管理干部能力建设培训班

6月3~7日，生态总站举办第二期农业资源环境保护与农村能源体系省级管理干部能力建设培训班，来自各省（自治区、直辖市）及计划单列市农业环保站、农村能源办的负责人和有关单位代表近70人参加了培训，本次培训以提升政策理论水平和业务工作能力为主线，邀请国家行政学院、农业部以及国外专家授课，达到了预期目的。

第二期农业资源环境保护与农村能源体系省级管理
干部能力建设培训班结业式

二、编写发布《2014农业资源环境保护与农村能源发展报告》

《报告》在继续沿用2013年度发展报告中有关体系建设、农业资源保护、农业环境保护、

江西省开展基层农村能源与环保推广人员能力提升行动

4月21~25日，江西省基层农村能源环保推广人员培训在江西生物科技职业学院举办，来自全省90多个县的学员参加了培训，培训内容涵盖农村能源环保形势、农村新能源利用与发展、农产品产地土壤污染防治、农业农村节能减排新技术、农村沼气物业化管理、农村沼气项目管理、农业面源污染防治和农业物种资源调查及保护等方面，通过培训，提高了基层农村能源环保技术骨干的专业水平和综合素质，推动了农村能源建设与农业资源环境保护工作开展。

农村能源建设、生态农业和国际交流合作6个板块的基础上，增加了行业科研板块，同时吸收了地方体系的典型做法、经验和技术模式，增强了业务指导的针对性和实用性。

三、召开生态总站专家委员会工作会议

11月13日，生态总站在云南昆明召开2014年度专家委员会工作会议，王衍亮副主任委员主持会议，16名专家委员出席会议。与会专家围绕农产品产地重金属污染防治、化肥农药减施，秸秆、地膜、畜禽粪便综合利用，外来入侵物种防控，农村沼气建设等问题，积极建言献策，提出了有针对性、前瞻性的对策建议。

生态总站专家委员会2014年度工作会议

四、推进农业资源环境保护法律法规建设

12月8~9日，生态总站在北京召开农业资源环境保护法律法规建设研讨会，来自江苏、湖南、湖北、甘肃等省农业环境保护站负责人，以及农业部环境保护科研监测所、北京大学法学院、北京农学院文法学院等机构专家参加了会议，与会专家围绕农业资源环境保护立法的可行性、重点领域及重点工作等问题，进行交流并提出了建议。

生态总站组织专家系统梳理了近年来我国在农业生态与资源环境保护方面出台的政策法律法规，整理编印了《农业生态与资源环境保护法律法规汇编》，分农业生态与资源环境保护相关法律、国家行政法规及国务院规范性文件、部门规章及国务院各部门规范性文件、国务院及部委的政策性文件和地方规范性文件5大版块，为农业资源环境保护和农村能源体系从事实际工作提供了借鉴和帮助。

甘肃省成立农业资源环境保护省级专家组

为持续推动甘肃农业资源环境保护事业发展，开创农业资源环境保护事业发展的新局面，甘肃省农牧厅组织省内农业环保、农技推广、农机推广领域及农业科研院所、高等院校和相关企业等的27名专家，组建成立了省级农业资源环境保护专家组，专家组分设废旧农膜回收利用和尾菜处理利用2个专家小组。专家组主要根据全省农业资源环境保护发展规划，负责农业资源环境保护方面的技术把关、参谋咨询和调研指导等工作，为农业资源环境保护工作持续健康发展提出对策建议。

农业资源环境保护法律法规建设研讨会

《农业生态与资源环境保护法律法规汇编》和《2014农业资源环境保护与农村能源发展报告》

社团组织

中国农业生态环境保护协会

一、组织开展学术交流研讨

4月，协会与中欧政策对话二期项目办公室在北京顺义联合召开中欧农业农村环境保护技术与经验交流专家研讨会，来自英国、法国的有关专家及国内相关企业代表、科技工作者参加会议，与会代表围绕农田土壤环境保护、农业生物多样性保护与农村景观规划、农业环保信息传播与推广等议题展开了交流讨论。

9月，协会与湖南省农业环保站在长沙组织召开蔬菜废弃物资源化处理利用专题研讨会，有10余个省份的农业环保站负责人及技术骨干、相关企业和专家代表出席会议，会议研讨了农业清洁生产尾菜回收及资源化再利用等问题。

9月，协会与世界资源研究所在北京共同举办粮食可持续生产：土地与水资源利用专题研讨会，邀请从事农业面源污染防治、农田土地资源利用的中外专家做报告，相关国际非政府组织、民间环保组织、第三方评价机构等代表出席了会议。

11月，协会与中国农学会在云南联合举办现代农业发展论坛，并承办了农业清洁生产分论坛，组织相关专家和代表进行了学术研讨与交流。

蔬菜废弃物资源化处理利用专题研讨会

2014中国现代农业发展论坛

2014年蔬菜废弃物资源化处理利用专题研讨会

9月26日，2014年蔬菜废弃物资源化处理利用专题研讨会在湖南长沙召开。本次会议由生态总站、中国农业生态环境保护协会联合主办，湖南碧野农业科技开发有限责任公司承办，湖南农业大学、湖南省农业委员会、湖南省农业科学院及各省农业环境保护监测站代表、部分省农业科学院代表、相关高等院校代表、部分企业代表参加了会议。与会代表针对蔬菜废弃物资源化处理利用研究进展及产业化推广的发展现状以及湖南耕地重金属污染防治与结构调整试点工作探索与思考等主题做了研讨和交流，并就如何更好开展蔬菜废弃物资源化处理利用提出了一些想法和建议。

二、服务政府、联系企业，提供决策咨询

3月，受农业部科技教育司委托，在生态总站领导下，与中国塑料加工工业协会、中国农业科学院农业环境与可持续发展研究所（以下简称环发所）、全国农业技术推广服务中心一起进行了全生物可降解地膜专题调研，并共同起草了专题报告。

4月，受全国人大常委会法制工作委员会邀请，作为唯一社会团体代表，参加了在北京召开的《中华人民共和国环境保护法（修订版）》征求意见研讨会，协会从农业环保领域的角度，以社会团体非政府组织的身份，给未来环保工作提出了建设性的意见建议。

三、编辑出版学术期刊，打造学术交流平台

协会和农业部环境保护科研监测所共同打造的《农业环境科学学报》连续3年入选中国精品科技期刊，获中国学术期刊评价报告（RCCSE）权威学术期刊，入选"中国国际影响力优秀学术期刊"，《农业资源与环境学报》入选中国科技核心期刊、天津市优秀期刊，纳入化学文摘（CA）、国际农业与生物科学中心（CABI）、中国学术期刊文摘数据库，为本学科研究人员搭建了学术交流平台。

中国农村能源行业协会

一、编写发布相关行业报告

协会编写发布了《2014年中国农村能源行业年度发展报告》，出版发行了《农村可再生能源及生态环境动态》12期；协会太阳能热利用专业委员会受国家能源局委托，编制发布了《中国太阳能热利用产业发展报告（2013—2014）》，同时编辑出版了《太阳能热利用产业运行状况报告》；协会沼气专业委员会编写完成了《2014年中国沼气行业年度发展报告》。

二、组织举办行业会议或活动

4月24日，在河北省廊坊市举办"2014中国节能炉具（锅炉）行业发展论坛"，200多位来自科研、生产、经销单位的代表出席论坛；组织25家小型风力发电机组生产企业参加"2014第八届中国(上海)国际风能展览会暨研讨会"；组织召开"太阳能热利用产业发展研讨会"；参加"2014年度中国沼气学会年会暨中德沼气论坛"；组织召开"2014年全国太阳能热利用行业年会"。

三、开展行业技术标准体系建设

根据国家能源局的安排，积极开展农村能源领域能效标准化体系建设目标和标准制（修）定，完成《便携式太阳能光伏电源》、《太阳能光伏滴灌系统》等10项行业技术标准编制并报国家能源局发布实施。

中国沼气学会

4月20日，受农业部与国家发展和改革委员会有关司局委托，与生态总站在北京联合举办了"规模化沼气工程培训班"，来自全国各省（自治区、直辖市）的参会代表共计300多人参加了培训，国家发展和改革委员会农村经济司、农业部发展计划司和科技教育司等单位主要负责同志在培训班上对推进农村沼气工程转型升级进行了部署，并对《2015年农村沼气工程转型升级工作方案》做了解读。

10月16~17日，与西北农林科技大学、德国农业协会在西北农林科技大学联合主办2014年中国沼气学会学术年会暨中德沼气论坛，来自全国高校、科研院所的领导、专家和众多企业以及学会理事370余人出席了会议。会议围绕"农业现代化、工业化、信息化、城镇化建设与沼气发展"主题，按产业发展与战略研究、技术研究与创新突破、中德沼气技术合作与交流等板块，深入探讨了沼气行业发展的新思路和新方向，并针对应对气候变化、发展低碳循环、新农村建设方面等方面展开技术交流和讨论，提出了相关对策建议。

农业资源保护

2014年，农业资源保护工作稳步推进，农业野生植物资源调查不断深入，一大批珍稀农业野生植物资源被发现，并得到抢救性收集，优异资源和基因的鉴定评价与开发利用多点开花，成绩喜人，原生境保护建设项目管理更加完善。外来入侵生物监测预警进展突出，监测手段更加多样化和信息化，综合防治与开发利用探索成效显著，社会公众关注和认知程度不断提高。

农业野生植物保护

一、开展农业野生植物资源调查

28个省（自治区、直辖市）开展常规性农业野生植物资源调查，涉及近300个县级行政区及大别山、太行山、三峡库区等重点区域，调查对象包括野生稻、野生兰花、新疆野苹果、黄芩、天麻等珍稀农业野生植物资源，利用GPS对580余个分布点进行了定位和信息采集，拍摄图像资料9 100余份。各省开展国家重点保护农业野生植物资源调查，对拟列入《全国农业生物资源保护工程建设规划（2014—2020）》的优先保护物种成片分布情况进行了调查。通过常规调查和重点调查相结合，获得了一大批珍稀农业野生植物资源分布点的生境数据及影像资料，如辽宁新发现8个野生兰科植物种群，河南发现了近30年未在野外观察到的葛枣猕猴桃、叉唇无喙兰等珍稀物种，广西发现高湿环境下野生田七分布点1处、陕西新发现该省特有物种太白山鸟巢兰分布点1处，发现大果实直径野生河南海棠1株，进一步补充完善了我国珍稀农业野生植物资源分布空间数据库。

广西开展防城茶资源调查

甘肃开展沙拐枣资源调查

二、组织开展珍稀农业野生植物资源抢救性收集

中国农业科学院作物科学研究所、果树研究所、麻类研究所、中国热带农业科学院热带作物品种资源研究所等单位开展濒危珍稀农业野生植物资源抢救性收集工作。据不完全统计，2014年共收集农业野生植物资源2 079份，其中野生兰花147份、金荞麦64份、野生果树245份、野生茶树79份（种子、枝条）、野生苎麻243份、野生稻128份、野生大豆1 057份、小麦野生近缘植物104份、其他植物12份。国家苎麻种质圃新收集到双尖苎麻和疏毛水苎麻2个野生苎麻品种。新建热带珍稀野生果树种质资源圃3个，保存了火龙果、菠萝

国家苎麻种质圃新收集的野生苎麻品种

（注：上为疏毛水苎麻，下为双尖苎麻）

蜜、桃金娘、西番莲等16种资源。西南大学对重庆三峡库区及两翼地区华重楼和金荞麦野生种质资源进行了深入调查和持续收集，收集区域扩大到湖北利川与恩施地区，并建立了重庆三峡库区及周边地区重楼属野生植物资源分布与图像档案数据库。

三、加强优异资源和基因的鉴定评价与利用

中国农业科学院作物科学研究所从171份普通野生稻资源中鉴定出1份高抗稻瘟病资源和43份中抗稻瘟病资源，通过多地多年抗病性鉴定获得2份对白叶枯病和稻瘟病具有稳定抗性的野生稻资源；筛选出3份生物量大、纤维品质好、吸收重金属能力强的优异野生苎麻资源，最高可使土壤中重金属含量降低26.3%。

中国农业大学完成471份东乡野生稻和茶陵野生稻渗入系产量性状和耐寒性鉴定评价，筛选

---

*亩为非法定计量单位。1亩＝¹/₁₅公顷。

出芽期耐冷材料16份、高产材料18份，定位野生稻高产数量性状座位12个、耐冷数量性状座位11个，克隆了1个增加粒长基因和1个芽期耐寒基因。

中国农业科学院果树研究所筛选出野生李优异资源2份、野生苹果优异资源4份，与中国李、欧洲李栽培品种进行杂交，配制了3个杂交组合，获得杂交种子200余粒。

中国热带农业科学院热带作物品种资源研究所开展了美花兰、盘龙参、金线莲的离体保存和快繁技术研究，对美花兰进行低海拔适应性驯化，开花率由5.6%提高到47%，从金线莲样本中分离鉴定了黄酮类、三萜类、甾体类等活性化合物11种。

吉林农业科学院继续开展野生大豆资源胞囊线虫病、灰斑病、花叶病毒病及耐逆等性状的鉴定及综合评价，利用主推品种与含有优异基因的野生大豆资源进行杂交，获得了耐盐碱和耐旱分离群体，有3个新品种进入吉林省中早熟和中熟区域试验，2个新品种通过省级初审。

中国热带农业科学院热带作物品种资源研究所开展野生兰种苗离体扩繁研究

（注：左上为美花兰，左下为盘龙参，右为金线莲）

四、强化农业野生植物原生境保护管理与监测预警

2014年各地新建农业野生植物原生境保护点10处，落实中央投资2 031万元，新增保护面积7 767.7亩*，涉及野生大豆、野莲、野生中华猕猴桃等7个物种。在国家项目的带动下，湖北开展了郧西县野生五味子和五峰县野生兰科植物2个省级自然保护区的申报和建设工作。

2014年新建农业野生植物原生境保护点统计表

项目名称	中央投资金额（万元）	建设面积（亩）		
		总面积	核心区	缓冲区
黑龙江省庆安县野生大豆原生境保护点	155	450	150	300
湖北省浠水县芝麻糊野莲原生境保护点	200	500	200	300
湖北省通城县天岳关野生中华猕猴桃原生境保护点	215	530	180	350
湖北省来凤县野生金荞麦原生境保护点	206	290	100	190
湖北省蕲春县仙人台野生中华猕猴桃原生境保护点	195	300	100	200
湖南省龙山县野生中华猕猴桃原生境保护点	214	612	300	312
湖南省怀化市鹤城区野生杜鹃原生境保护点	200	985.7	178	807.7
广西壮族自治区融水县元宝山野生茶种质原生境保护点	206	2 500	220	2 280
贵州省普安县野生四球茶原生境保护点	220	600	320	280
新疆沙雅县胀果甘草原生境保护点	220	1 000	600	400
总计	2 031	7 767.7	2 348	5 419.7

依据《农业野生植物原生境保护点监测预警技术规范》，全国168个已建的农业野生植物原生境保护点开展了监测。湖南对已建成的原生境保护点进行定位监测，累计获得有效数据3 913个。四川在马湖湖区、川东南地区、川西北地区、川东北地区建立了15个监测预警点，对野生莼菜、兰科植物、野生大豆、野生猕猴桃开展了集中监测。广西、湖北和宁夏15个原生境保护点的监测数据表明，建设原生境保护点对保护重要农业野生植物资源起到了较好的作用。

农业科学院、中国农业大学等科研单位的专家共计90余人参加了培训。

同时，通过中央农业广播电视学校卫星远程培训系统750多个卫星远端接收站点，举办了3期面向全国农业野生植物保护技术人员、管理人员的远程培训。农业部网站"农科讲堂"栏目也提供了在线学习服务。收集整理农业野生植物保护相关法律法规、科普知识、指导技术

五、加强农业野生植物保护宣传培训

8月21～22日，生态总站在山东威海举办了全国农业野生植物保护技术培训班，针对农业野生植物保护政策与形势、"农业野生植物资源保护利用技术研究与示范"等公益性行业科研专项研究进展及成效、国家一级保护野生植物采集及进出口行政审批等工作进行了重点讲授。来自各省（自治区、直辖市）的管理和技术人员、中国

全国农业野生植物保护技术培训班

等资料，制作完成"农广在线"网站农业野生植物保护专题栏目。

各地也高度重视农业野生植物保护宣传培训工作。吉林、安徽、湖北、湖南、广西等地多次组织了农业野生植物保护技术培训班。江苏在《新华日报》刊登文章《珍贵农业"野底子"亟待保护》，并走进南京宝地园社区，现场发放宣传资料。四川在野生莼菜、野生大豆、野生猕猴桃和野生兰科资源集中分布区，采取标语、宣传车、明白纸和电视报道等形式开展科普宣传活动。

第十一届全国生物多样性科学与保护研讨会成功举办

8月14～16日，由国际生物多样性计划中国委员会、国家环境保护部自然生态保护司、生态总站、国家林业局野生动植物保护与自然保护区管理司等11家单位共同主办的第十一届全国生物多样性科学与保护研讨会在辽宁沈阳召开，来自全国25个省（自治区、直辖市）以及我国港台地区的约350人参加了研讨交流。

全国农业野生植物保护技术培训班

外来入侵生物防治

一、开展危险性外来入侵物种调查

各地对照已发布的国家重点管理外来入侵物种名录（第一批），对薇甘菊、水花生、水葫芦等10种危险性外来入侵物种开展深入调查，包括发生区域、危害面积、传播扩散途径、危害影响方式、经济损失程度、生态环境影响等。新疆依托专家队伍对23种国家重点管理入侵生物进行调查。内蒙古针对刺萼龙葵和少花蒺藜草调查了12个盟（市）102个旗（县、区）的500余个乡（镇），调查点位超过2 500个，调查总面积超过300万公顷。中国农业科学院植物保护研究所对新入侵危险性生物长芒苋和意大利苍耳开展调查，采集七角星蜡蚧、马缨丹绵粉蚧等2014年新入侵外来物种基础生物学和生态学信息，更新悬铃木方翅网蝽、红火蚁、银花苋等已入侵外来物种的地理分布区，补充国家重点管理外来入侵物种名录（第一批）、全国农业植物检疫性有害生物分布行政区、各地区发生的全国农业植物检疫性有害生物名单以及全国林业检疫性有害生物名单的相关信息，进一步完善了我国外来入侵物种数据库。

二、加强重大外来入侵生物的监测预警与阻截

各地根据外来入侵物种的扩散蔓延情况，在外来入侵物种发生的高风险区、生物多样性富集区、生态脆弱区建立监测点，全面开展早期监测预警。在辽宁与河北交界的绥中县和凌源市境内设置了黄顶菊监测点，划定8条黄顶菊监测预警线，发布了3期全省危险性农业外来入侵生物（豚草、少花蒺藜草、刺萼龙葵）预警预报。江苏在苏中、苏北水花生爆发严重区建立综合防治

示范区，在重点区域沿河流建设阻截带。湖北在三峡库区新建紫茎泽兰预警监控点20个，监控面积200平方公里。海南逐步完善"海南省外来入侵生物监测预警预报系统"。云南在德宏、保山、临沧等9州（市）35个县建立监测点555个，监测区域海拔范围84~2 143米，监测面积252.81万亩，发现入侵点55个，面积177.72亩。河北、湖南等省也建立了外来入侵物种实时监控点。

内蒙古开展刺萼龙葵调查

三、继续组织外来入侵生物集中灭除

紧紧围绕"灭除外来入侵物种，保护美好生态家园"的主题，农业部科技教育司、生态总站和中国农学会先后组织在湖北省英山县针对福寿螺、在辽宁省沈阳市针对豚草、在重庆市潼南县针对水葫芦开展集中灭除活动。各省（自治区、直辖市）也因地制宜开展灭除工作，如海南联合中国农学会在文昌市举办了薇甘菊现场灭除及培训活动，内蒙古在全区灭除少花蒺藜草和刺萼龙葵面积约5万亩，其中重点区域灭除2万亩，有效遏制了外来入侵生物进一步蔓延趋势。

外来入侵水生植物遥感监测取得突破

2014年，生态总站利用遥感监测技术，对湖北洪湖、白莲河水库、长湖和武汉城中湖外来入侵水生植物的发生演变过程进行了持续监测，为地方应急防控提供了有力的技术支撑。

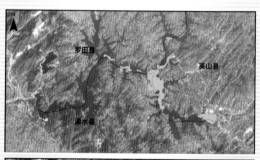

湖北白莲河水库水葫芦遥感监测影像

（注：上图为2014年3月，下图为2014年12月）

四、推进外来入侵物种综合防治与开发利用示范

河北在万全县建立100亩刺萼龙葵防控试验区，在衡水市设立1 000亩黄顶菊防控示范区。湖北在江汉平原、鄂东、鄂南等区域建立豚草、水花生、水葫芦综合防治示范点30个，防治示范面积6.67万公顷，建设水花生专食性叶甲繁育基地12个，除恩施州、神农架和十堰山区外，水花生叶甲在全省大部地区均有大面积分布。湖南针对加拿大一枝黄花、豚草、假高粱、福寿螺、空心莲子草5种重点外来入侵物种，建设综合防治

2014年5月湖北省英山县福寿螺现场灭除活动

2014年7月辽宁省沈阳市豚草现场灭除活动

2014年7月重庆市潼南县全国外来入侵生物水葫芦
现场灭除活动

有关科研单位也积极开展生态控制示范和天敌生物防治，研究化害为利的外来入侵物种综合利用技术。中国农业科学院环发所在吉林省白城市和内蒙古自治区通辽市分别开展刺萼龙葵、少花蒺藜草综合防控技术示范；在湖北省宜昌市兴山县建立了水花生叶甲越冬繁殖基地，采用物联网技术，通过野外监测仪器进行实时监控与数据采集，通过助增技术保证水花生叶甲越冬繁殖率，提高生物防治效果和技术辐射应用面积，该技术对水生型水花生防控率达到95%以上，辐射区域包括三峡库区以及荆州地市。中国农业科学院植物保护研究所深入研究豚草和空心莲子草天敌气候适应性与性选择，开展豚草、紫茎泽兰、空心莲子草的治

中国农业科学院环发所在湖北省宜昌市建设水花生
叶甲越冬繁殖基地

示范区，探索豚草和福寿螺综合防控技术体系，编制具体操作技术规程，"湖南外来入侵物种调查与重点防控"项目获全国农牧渔业丰收奖一等奖。四川在广汉玉米区建立福寿螺的灭除核心示范区500亩，在成都市金堂县建立了水花生综合防控灭除核心示范区500亩。云南建设薇甘菊综合防治示范样板区4.21万亩，示范区域内薇甘菊防除效果达到90%以上。

理，通过豚草和空心莲子草天敌昆虫早春助增与夏季助迁的释放实现对豚草、紫茎泽兰、空心莲子草的有效治理；探索B型和Q型烟粉虱的入侵机制及持续治理技术，研究烟粉虱优势寄生蜂——海氏桨角蚜小蜂和浅黄恩蚜小蜂在田间组合释放的防治效果。在紫茎泽兰泛滥地区，用花椒、红薯、玉米累计替代示范面积64 600亩，积极探索开发紫茎泽兰新用途，探索利用紫茎泽兰加工生物有机肥、生物活性炭、生物质燃料和染料。

江苏省积极探索水花生综合防控新形式

江苏省是外来入侵生物水花生的适宜生长区和重灾区，发生面积大、密度高，对种植业、养殖业、旅游、交通和防洪排涝带来了极其不利的影响。近年来，江苏重点突出对重要水功能保护区有直接影响的通榆河支流及沿线、南水北调东线工程沿线等中小河流中的水花生防除，除常规性的机械化防除与人工打捞外，在阜宁县、金湖县等水花生泛滥严重的区域，发动群众捞取周边的水花生鲜体，开展水花生作为沼气原料、畜禽饲料或高温堆肥原料等资源化利用实验、示范工作，防控水花生再生或沉入水底导致水体富营养化和沼泽化，取得了阶段性成效。

江苏省阜宁县水花生高温堆肥现场

五、开展监督管理与宣传培训

农业部科技教育司组织完成《农业外来物种入侵突发事件应急预案》修改工作；指导湖南省制定并印发《湖南省外来物种管理执法试点工作方案》和《湖南省外来物种管理名录》；云南省农业环保站发布《薇甘菊调查技术规程》、《薇甘菊监测及评估技术规程》、《薇甘菊农地防治技术规程》3项地方标准；河南省农村能源环保总站编辑出版《河南省农业外来入侵植物综合防控技术手册》；指导制作《外来入侵生物之

《走进科学》"入侵者"系列节目

刺萼龙葵的综合防治》动漫；协助中央电视台科教频道（CCTV-10）《走近科学》栏目拍摄完成了"入侵者"系列节目，系统介绍了薇甘菊、香蕉枯萎病、马铃薯甲虫、福寿螺和刺萼龙葵在我国的发生现状、简便实用的防控技术以及农业部门近年来取得的防控进展。

《国家重点管理外来入侵物种综合防控技术手册》出版

由农业部外来物种管理办公室、生态总站与中国农业科学院环发所编辑出版的《国家重点管理外来入侵物种综合防控技术手册》涵盖了52种国家重点管理入侵生物的起源与分布、形态特征、生态学特征、传播扩散、发生与危害、防控管理措施等信息，为从事动植物检疫和农林科学研究的人员、高等院校师生以及广大公众了解生物入侵防治知识、采取预防与控制措施提供了参考。

河南省扎实推进外来入侵生物防控

自2003年以来，河南省农村能源环境保护总站对全省所有的市、县、区开展了不间断调查，掌握确认了河南省目前已经发现的118个类群的农业外来入侵植物的入侵现状、入侵途径、传播规律、分布区域、危害面积、生长状况，编写出版了《河南省农业外来入侵植物综合防控技术手册》一书。2014年，河南省农业外来入侵生物管理办公室先后在安阳市和信阳市举办了农业外来入侵植物防控管理技术培训，开展了外来有害植物黄顶菊、豚草的现场集中灭除，提高了全省各级从事农业外来入侵植物防控管理与技术人员的业务水平。

农业湿地保护与可持续利用

为落实好《全国湿地保护工程"十二五"实施规划》，2014年中央投资2 278万元用于农业湿地保护工程项目建设，在江苏省宜兴市和金湖县、云南省丘北县和洱源县开展农业湿地可持续利用示范工程项目，在湖南省炎陵县、常宁市和南县开展湿地农业综合利用示范区建设项目。在农业湿地区，各地积极开展探索建设生态拦截沟系统，治理农业面源污染；在湖泊、沼泽湿地周边陆地种植当地适生的乔、灌、草植物立体隔离带，防止周边水土侵蚀，消纳、降解陆面径流污染物，净化入湖水质；建设水产生态养殖示范小区，挖掘湿地可持续发展潜能；实施农村清洁工程，从根本上治理农村环境污染；采取生态清淤、植被恢复、增殖放流、水产绿色养殖、饲草料种植、配方施肥等措施，建立农牧渔一体化综合利用示范区；开展野菱、莲等地方湿地植物种植，保护湿地生物多样性。通过项目实施，初步实现了重要农业湿地资源的可持续利用。

湖南省农业湿地资源保护"四大工程"成效显著

湖南省大力实施湿地生态循环农业示范、农业面源污染治理、湿地生态环境保护恢复和农业湿地管理与监测能力建设"四大"工程，相继建成望城、津市、桃源、临澧、安乡等12个农业湿地可持续利用示范区，累计投入14 263万元，其中中央投入4 319万元，示范区面积达13.58万公顷。建立野莲、野菱、野生稻、中华水韭、莼菜、大鲵、江豚等国家级自然保护区（点）12个，开展了湿地区域水花生、水葫芦、福寿螺等外来入侵物种调查与灭除。在环洞庭湖区布设面源监控网络，设立面源污染监测网点26个，每年监测样品456个，获得监测指标3 648个，大力推广稻鸭共生和频振式物理杀虫灯等农业清洁生产技术，开展专业化统防统治、测土配方施肥和秸秆还田，建设农村清洁工程示范村194个。

湖南省安乡县挡土墙式生态拦截沟

湖南省汉寿县农业湿地综合利用无公害蔬菜开发示范

农业环境保护

2014年，农业环境保护工作继续围绕农业面源污染监测防治、农业清洁生产、农村清洁工程、农产品产地土壤重金属污染修复和美丽乡村创建等领域，加强监测网络建设、人员技术培训、项目实施监管和技术试验示范等工作，着力在解决农业环境突出问题方面探索新模式、取得新成效。

农业面源污染监测防控

一、进一步完善农业面源污染国控监测网

农业部在全国30个省（自治区、直辖市）273个农田面源污染国控监测点规范运行维护的基础上，在全国25个省（自治区、直辖市）建立了25个规模化养殖污染物排放监测国控点，其中生猪监测点17个、奶牛监测点8个。此外，以新疆、甘肃等17省份为重点区域，建立了由210个国控监测点组成的农田地膜残留监测网络。农业部办公厅印发了《农业面源污染监测技术规范（试行）》、《水田地表径流面源污染监测设施建设技术规范（试行）》、《水旱轮作农田地表径流面源污染监测设施建设技术规范（试行）》、《坡耕地径流面源污染监测设施建设技术规范（试行）》、《平原旱地农田地表径流面源污染监测设施建设技术规范（试行）》、《农田地下淋溶面源污染监测设施建设技术规范（试行）》、《规模化养殖粪便监测技术规范（试行）》、《规模化养殖污水监测技术规范（试行）》、《规模化养殖污染监测采样样品编号规则（试行）》9份监测技术规范，并正式组织实施。

全国农业面源污染国控点监测技术规范及数据上报培训

4月24~26日，由农业部科技教育司主办、生态总站承办的农业面源污染国控点监测技术规范及数据上报培训班在广西南宁举办，近200名省、县农业面源污染监测技术人员参加了培训，培训班以现场教学为主，现场参观学习了农田监测和猪场粪污处理设施，同时还讲解了种植业面源监测数据和农业面源调查更新数据网络上报系统操作流程，进一步提升了参训人员对农业面源污染监测技术规范的理解深度。

二、开展农业面源污染国控监测点现场检查

为贯彻落实《关于开展农业面源污染国控监测点检查工作的通知》，7月，生态总站印发了《农业面源污染国控监测点检查工作方案》，首次启动了全国农业面源污染国控监测点现场检查工作，组织中国农业科学院、北京农林科学院、湖北省农业科学院等面源污染监测防治领域专家，分成10个专家组，对全国30个省份农业面源污染国控监测点开展现场检查。检查组实地查看了农田和畜禽养殖监测点建设情况，听取了相关单位汇报，与技术支撑单位详细讨论了农田监测小区处理方案，并对不合格的监测设施提出了整改意见。

9月23日，生态总站在福建省漳州市召开农业面源污染国控监测点检查总结会，10个检查组分别汇报了检查情况，系统总结了各地在农业面源污染国控监测点建设、运行管理方面的经验和教训，对现场检查中发现的共性问题提出了建议和意见。

大连普兰店现场检查

三、稳步推进农业氮磷污染综合防治示范区建设

2014年，太湖、巢湖、洱海和三峡库区畜禽养殖废弃物及农业氮磷污染综合防治示范区工程进入设计施工期，建设内容包括坡地地表径流氮磷拦截积蓄再利用、农田尾水生态沟渠工程、区域水资源调配工程、散养畜禽废弃物处理利用工程、农村生活废弃物处置和利用工程等，各示范区进一步细化和完善了建设实施方案，组织开展了设计施工工作，项目建设初见成效，逐步探索多种小流域尺度农业面源污染综合防治的技术模式。

三峡库区分散式农村生活废水处理设施

三峡库区综合示范区总排水口

湖北省、重庆市防控农业面源污染投入力度大

3月17~18日，农业部副部长张桃林、九三学社中央副主席赖明带领农业部和九三学社联合调研组到湖北省宜昌市、重庆市开县等地，就三峡库区农业面源污染防治、重庆"生态涵养区"等工作进行专题调研。

近年来，湖北省农业厅发挥科教优势，统筹三峡库区各县市，与中国科学院三峡工程生态环境实验站等一批科研机构加强日常联系与合作，将库区水源污染监测数据从点向面延伸，向农业部提供更具有基础性、关键性的监测数据，将农业面源污染防控新技术推广好、利用好，以"科技兴农"战略助推库区农业面源污染防治工作取得新突破。重庆市开县为实现"生态涵养区"发展目标，编制了2014年防治农业面源污染"357"实施方案，即在3个阶段，实施5大工程，落实7项措施。为此，开县斥资2.075亿元，其中禁养区拆除工程4 300万元，畜禽粪污处理及循环农业11 000万元，户用沼气3 200万元，测土配方施肥1 530万元，绿色防控721万元，推动农业面源污染防治工作。

农业部副部长张桃林调研重庆市开县美丽乡村建设和农业面源污染防治工作

四、启动全国农业面源污染数据更新调查工作

在农业部科技教育司的领导下，生态总站组织制订了《2014年度全国农业面源污染调查工作方案》，开展了入户（入场）调查工作。截至2014年底，共计调查全国31个省、54种种植模式、19 600余个典型地块，调查生猪、奶牛、肉牛、肉鸡和蛋鸡5种动物典型畜禽养殖单元6 800余个，获取了大量数据资料，为做好全国农业面源污染数据更新、编制《全国农业面源污染状况年度报告》奠定了扎实基础。

五、加强农业面源污染防治科技支撑工作

为强化对全国农业面源污染数监测和调查工作的支撑作用，中国农业科学院农业资源与农业区划研究所研发了"全国农业面源污染监测数据网络平台"和"农业面源污染调查数据采集系统"，实现了对种植业、畜禽养殖业各类监测和调查数据的在线填报和数据审核。中国农业科学院农业资源与农业区划研究所还设专人在线解答数据填报过程中的各类问题，提高了数据录入的快速性和准确性。

9月30日，由中国农业科学院农业资源与农业区划研究所、湖北省农业科学院植保土肥所、北京市农林科学院植物营养与资源研究所、云南省农业科学院农业环境资源研究所、生态总站等10家主要单位共同完成的研究成果"全国农田面源污染监测技术体系的创建与应用"通过了科技部认可的第三方评价。该成果是在农业部科技教育司领导下，全国农业环保科研、推广和教学等单位多年努力攻关的结晶。第三方评价意见指出，该成果整体处于国际先进水平，其中农田面源污染监测技术体系、全国农田面源污染监测网等方面处于国际领先水平。

农业清洁生产

2014年，国家发展和改革委员会、财政部、农业部继续在新疆、甘肃、山西、河北、山东、辽宁、吉林和黑龙江8省（自治区）73个县实施地膜回收利用为主要内容的农业清洁生产示范项目，落实中央投资约2亿元，有效解决北方旱作农业区农田残膜污染问题，项目建成后将新增地膜回收面积约2 014万亩，新增地膜回收加工能力逾5.9万吨。同时，国家发展和改革委员会、财政部、农业部联合印发了《关于开展2014年农业清洁生产示范项目建设的通知》，对项目示范省份开展了业务培训，并对2012年度农业清洁生产示范项目进行了验收。

蔬菜尾菜清洁生产

地膜回收机械

甘肃省加强废旧地膜回收利用

为配合《甘肃省废旧农膜回收利用条例》施行，甘肃省发布了甘肃省地方标准《聚乙烯吹塑农用地面覆盖薄膜》（DB62/2443—2013），从农膜的产品分类、原材料的使用、厚度、宽度及耐候期等8个方面进行了规定。按照"政府扶持、市场运作、循环利用"的工作思路，省级财政专门设立专项资金，2011—2014年累计投入7 000万元，采用"财政贴息、先建后补、以奖代补"等方式，扶持建设了一批工艺先进、规模经营和抵御风险能力较强的加工企业和回收网点，并配套相关优惠政策。截至2014年底，全省从事废旧农膜回收加工的各类企业达293家，设立乡村回收网点2 148个。2014年全省废旧地膜回收利用率达到75.4%，比上年提高4.7个百分点。

地膜再生设备

2014年，根据国家《清洁生产促进法》和农业部《关于加快推进农业清洁生产的意见》的有关精神要求，为加快转变农业发展方式，促进农业资源高效利用和废弃物循环再利用，按照"清洁、循环、高效、可持续"的发展理念，农业部继续在北京、天津、河北、吉林、山东、湖北、湖南、广西、重庆、贵州、甘肃和新疆12省（自治区、直辖市）开展农业清洁生产技术示范项目，作为对国家农业清洁生产示范项目的技术补充和模式创新，进一步开拓农业清洁生产的新模式新技术新领域。各单位在项目实施

过程中，规划先行，精心组织，周密安排，因地制宜，围绕产前、产中、产后3个关键技术环节，重点在废旧地膜回收利用、尾菜秸秆废弃物资源化再利用、生猪清洁养殖、农业清洁生产综合示范区建设等进行了积极的尝试和有益的探索，并取得了一定的成效。11月，农业部组织调研了新疆废旧地膜清洁生产示范项目，对地膜回收机械进行了实地考察。

山东省青岛市开展生物可降解地膜对比试验

青岛市农业委员会积极与科研院所合作，筛选广州金发科技、德国巴斯夫等国内外知名企业的生物可降解地膜产品，进行对比实验及推广示范。目前，已在马铃薯、花生、生菜、大蒜等10余种作物上开展对比试验及示范，全市共设试验示范24处，面积1 152余亩。

山东省青岛市生物可降解地膜对比试验

农村清洁工程

2014年，农业部组织北京、天津、河北、山西、辽宁、吉林、黑龙江等22个省（自治区、直辖市）的100个"美丽乡村"创建试点

村实施农村清洁工程建设，通过农村清洁工程建设基本实现了示范村生产、生活和生态"三生"和谐发展，家园、水源和田园清洁。2005—2014年，全国已建成1 700多个农村清洁工程示范村。

重庆市实施农村清洁工程示范

重庆市在全市15个村继续开展以"清洁田园、清洁家园、清洁水源"为主要内容的农村清洁工程示范建设，于2014年6月全面完成并竣工验收，全市累计建成部、市两级农村清洁工程示范村120个，带动区县建设农村清洁工程示范村450个，配合推进农村环境连片整治624个，受益群众达300多万人。

来自印度尼西亚、马来西亚、菲律宾、泰国和越南等国家的学员听取清洁工程技术介绍
并实地查看太阳能杀虫灯

农产品产地土壤重金属污染修复

为加强农产品产地土壤重金属污染修复治理，2014年起，中央财政安排专项资金支持湖南省启动长沙、株洲、湘潭地区170万亩耕地重金属污染治理试点工作，通过加强耕地质量建设和污染修复治理，实现重金属污染耕地的稻米达标生产，确保国家粮食安全和人民群众"舌尖上的安全"。为客观、准确反映试点工作的整体情况，总结完善修复技术路线和操作程序，使试点成果可复制、可推广，根据农业部安排，生态总站牵头组织北京大学、南开大学、北京师范大学、中国科学院地理科学与资源研究所、中国科学院生态研究中心、农业部农村经济研究中心、农业部环境保护科研监测所、中国农业科学院农业资源与农业区划研究所、中国农业科学院环发所等单位，对试点工作实施情况开展综合评价。评价工作分为工作性、效果性和适宜性3个方面的内容，旨在考核各项修复治理措施落实情况，科学评价修复治理效果，考察施策效果，对试点工作提出完善建议。

重金属污染耕地修复与普通场地修复有显著不同，判定污染耕地修复后农产品是否达标、是否消除污染对农产品质量的威胁、污染耕地修复后是否可以进行再利用，是污染耕地土壤修复的关键环节。本次评价工作是对重金属污染耕地修复评估的一次大规模尝试，对于确定污染耕地修复效果评价的方法、程序及指标框架，规范重金属污染耕地修复，科学系统指导污染耕地修复工作具有重要作用。

山东省开展土壤重金属污染修复工程

2014年山东省启动实施耕地质量提升行动，作为六项工程之一，省财政投资1 000万元在济南市历城区开展农田土壤重金属污染修复示范。项目区针对粮食和蔬菜等主导产业，建立土壤重金属污染修复示范区3个、防控示范区1个，采取有机肥络合、土壤钝化剂施用、深翻修复等单项及不同组合技术模式进行修复示范，同时建立多模式小面积新技术试验区，重点试验研究不同单项修复技术和不同修复技术组合对土壤的修复效果。通过修复效果评价，提出重金属超标农田源头控制技术1套，筛选稳定低吸收重金属的小麦、玉米和蔬菜品种3～6个，建立降低重金属吸收的耕作制度与农艺措施2～3套，研发、筛选钝化材料3～5种，形成北方大田作物土壤重金属污染修复技术体系，建立超标农田安全生产技术规程和临界超标农田安全生产技术规程。

美丽乡村

2014年，农业部"美丽乡村"创建工作继续稳步推进，总结发布了"美丽乡村"创建十大模式，组织编写了"美丽乡村"建设系列丛书，继续在全国开展"美丽乡村快乐行"活动，举办了第二届"中国美丽乡村·万峰林峰会"，组织筹办首届"中国美丽乡村博览会"，组团赴我国台湾开展"农村再生"社区考察，举办了两岸农村发展研讨会，人民日报、中央电视台等新闻媒体多次对农业部"美丽乡村"创建活动和成果进行了跟踪报道。

农业部科教司长唐珂（左）在"美丽乡村快乐行"送科技公益活动中现场发放农业科技资料

"美丽乡村"建设系列丛书

第二届中国美丽乡村·万峰林峰会（贵州万峰林）

第三季"美丽乡村快乐行"活动

农村能源建设

2014年，农村能源工作紧紧围绕农业部中心工作和行业发展发展需求，在政策研究、技术支撑、项目管理、国际合作和产业推动等方面积极探索、勇于实践，推动以沼气为主的农村可再生能源持续、稳定、健康发展。

农村能源

2014年，农村能源产业持续健康发展，各类企业总量达到5 522家，从业人员15.15万人，总产值350.88亿元。其中：沼气相关企业2 462家、从业人员2.92万人、总产值72.7亿元、占农村能源产业总产值的20.72%；节能炉灶炕相关企业441家、从业人员7 762人、总产值8.05亿元、占2.30%；太阳能热利用相关企业2 167家、从业人员10.02万人、总产值232.61亿元、占66.29%；除沼气外的生物质能相关企业452家、从业人员1.44万人、总产值37.52亿元、占10.69%。

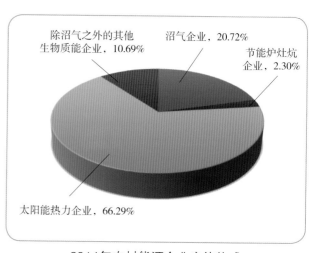

2014年农村能源企业产值构成

四川省农村户用沼气荣获2014年度中国区"全球能源奖"

四川省拥有农村户用沼气近600万户，2 000多万农民使用了沼气能源。从2010年开始，由四川省农村能源办公室、成都智联绿洲科技发展有限公司及德国UPM公司共同开发的"四川农村中低收入家庭户用沼气建设规划类清洁发展机制项目"获得2014年度中国区"全球能源奖"。7月9日，奥地利驻华大使馆商务参赞奥斯卡·安思来博士代表全球能源基金会（Energy Globe Fundation）、联合国环境规划署（UNEP）等机构，向项目三方颁发了2014年度中国区"全球能源奖"（ENERGY GLOBEL NATIONAL AWARD）获奖证书。

一、农村沼气

2014年，农业部与国家发展和改革委员会继续投资24亿元中央预算内资金，专项支持农村户用沼气、联户沼气、沼气工程和村级沼气服务体系建设。当年全国新增沼气用户66万户，新增沼气工程12 040处。截至2014年底，沼气用户达到4 383万户，年产沼气132亿立方米，受益人口达1.6亿人；各种类型沼气工程达到103 036处，总池容达到1 690万立方米，年产沼气22.57亿立方米，供气户数达到192.27万户，年发电量46 679万千瓦时。

二、生物质能

2014年，全国新增秸秆热解气化集中供气5处，新增秸秆沼气集中供气40处，新增秸秆固化成型167处，新增秸秆炭化10处。截至2014年底，秸秆热解气化集中供气821处，比上一年减少85处，其中运行401处，供气户数16.14万户；秸秆沼气集中供气458处，比上一年增加24处，其中运行368处，供气户数7.36万户；秸秆固化成型1 147处，比上一年度增加87处，年产量595.8万吨；秸秆炭化103处，比上一年减少2处，年产量27.7万吨。

三、省柴节煤炉灶炕

2014年，全国新增省柴节煤灶102.13万台，新增节能炕19.59万铺，新增节能炉114.92万台。截至2014年底，省柴节煤灶达到11 883.46万台；节能炕达到1 886.6万铺；节能炉达到3 091.57万台。

四、太阳能

2014年，我国新增太阳房24 630处、面积133.42万平方米；新增太阳能热水器295.42万台、面积577.19万平方米；新增太阳灶126 014台。2014年初，太阳房达到269 304处、2 445.55万平方米；太阳能热水器达到4 099.65万台、7 294.57万平方米；太阳灶达到2 264 356台。

2014年各级政府拨款支持农村太阳能利用方面的资金总计达到4.62亿元，其中：中央投入3.12亿元，省级投入6 494.9万元，地（市）级投入2 171.31万元，县（区）级投入6 171.08万元，乡（镇）级投入162.9万元。用户自筹16.53亿元。太阳能热利用技术、标准体系逐步完善，太阳能光伏技术不断创新，新技术、新材料不断涌现，光伏发电国内应用市场逐步扩大，发电成本显著降低，市场竞争力明显提高。

2014年我国太阳房、太阳灶、太阳能热水器推广使用情况

类型	年初数		本年新增		本年报废		年末累计	
	数量	面积（万平方米）	数量	面积（万平方米）	数量	面积（万平方米）	数量	面积（万平方米）
太阳房（处）	269 304	2 445.55	24 630	133.42	7 190	51.38	286 744	2 527.59
太阳能热水器（万台）	4 099.65	7 294.57	295.42	577.19	49.36	88.91	4 345.71	7 782.85
太阳灶（台）	2 264 356	—	126 014	—	90 735	—	2 299 635	—

宁夏立项实施阳光沐浴工程

2014年，宁夏农村能源站筹措资金近百万元在固原市原州区张易镇驼巷村、隆德县联财乡张楼村进行农村太阳能热水器户户通整村推进试点并取得实效，得到自治区政府主席的充分肯定，并推动在全区实施了以农村太阳能热水器户户通为目标的阳光沐浴工程，工程总投资14.4亿元，计划从2015年起，用4年时间为全区80万农户每家安装一台太阳能热水器，成为惠及全区几百万农民的民生工程、实现城乡统筹和谐发展的德政工程和促进农村清洁能源使用、建设美丽乡村的生态工程。

五、风能

目前，我国大型风力发电增长较快，其商业化程度也较高，小型风力发电主要用于解决偏远地区农、牧、渔民生活、生产用能，但随着农村地区电力设施的进一步完善，小型风力发电的发展在保持基本稳定的基础上略有下降。截至2014年底，我国小型风力发电机11.14万台、装机容量3.47万千瓦，与上一年相比略有下降。

2012—2014年小风电利用情况

利用情况	年 份		
	2012	2013	2014
数量（万台）	11.4	11.47	11.14
装机容量（万千瓦）	3.4	3.48	3.47

六、微水电

我国农村微水电资源丰富、分布广泛，主要集中在西部、中部和沿海地区。近年来，随着国家经济发展的不断深入，农村地区电力设施进一步完善，微水电的发展利用逐年下降。截至2014年底，全国微水电发电3.03万台，装机容量9.39万千瓦。

2012—2014年微水电利用情况

利用情况	年 份		
	2012年	2013年	2014年
数量（万台）	3.38	3.18	3.03
装机容量（万千瓦）	10.06	9.68	9.39

标准建设

2014年，农村能源标准化建设继续有序发展。一是组织申报2014年国家标准计划项目7项、2015年农业行业标准计划项目23项，组织审定了《户用沼气池标准图集》、《户用沼气池质量检查验收规范》、《户用沼气池施工操作规程》等国家和农业行业标准13项，报批标准9项，发布14项（含2013年报批标准）。二是根据2013年《农村能源标准汇编》使用反馈情况，专门编制《沼气标准汇编（2014）》，对农村户用沼气、沼气工程及相关配套产品设备等标准进行了单独汇编，便于指导使用。三是积极开展国际标准化活动，2014年4月3日，在德国柏林成功举办了ISO/TC255第二次会议，形成9项决议，成立了2个工作组，并提出了2个国际标准提案，商议计划书也最终通过了ISO批准；同时，经国家标准化委员会同意，生态总站成为国际标准化组织/清洁炉灶和清洁炊事解决方案技术委员会（ISO/TC285）国内技术对口单位。四是积极筹划成立农业资源环境保护标准化委员会，根据筹备计划提出了标准化委员会的筹建工作方案、委员成员提名名单，组织资源、环境、生态等相关单位和专家召开了筹建工作专家座谈会。五是向国家标准化委员会提出了全国沼气标准化委员会的换届申请，并根据要求在网上发布了换届及征集委员的通知，通过多种途径收集了新的委员信息表，计划于2015年进行换届。

服务体系

2014年，全国新增省级实训基地3个、从业人员32人；新增地（市）级服务站8个、从业人员18人；新增县（区）级服务站123个、从业人员614人；新增乡村服务网点7 106个、从业人员10 384人、覆盖范围217.49万户；开展沼气生产技术培训84 251人次，鉴定沼气生产工7 864人。截至2014年底，以沼气为主的农村能源服务体系有省级实训基地18个、205人；地级（市）服务站57个、321人；县（区）级服务站1 140个、6 002人；乡村服务网点11.07万个、18.47万人，服务农民3 257.62万户；33.76万人具备沼气生产工执业资格。

甘肃省将农村沼气后续服务列为政府购买公共服务试点项目

2014年，甘肃省农村沼气后续服务被省财政厅、省编办、省发改委、省民政厅、省工商局、省审计厅6个单位列为省直部门首批向社会力量购买公共服务试点项目之一，在天水、平凉、临夏3市（州）6个县8 330户沼气用户率先启动。为了确保项目的顺利实施，制定出台了《甘肃省政府向社会力量购买农村沼气后续服务管理办法》和《甘肃省政府向社会力量购买农村沼气后续服务项目绩效考核实施办法》，项目的实施，有力地推动了社会力量参与农村沼气后续服务。

四川省采取PPP模式推进畜禽粪污综合利用

为了解决畜禽养殖粪污污染严重问题，根据《四川省财政厅推进政府和社会资本合作（PPP）试点工作推进方案》（川财办〔2014〕26号）要求，2014年、2015年，四川省农业厅争取省级财政资金1 600万元，在6个养殖大县，采取PPP模式支持社会力量参与推进畜禽粪污综合利用。项目以政府农业主管部门作为项目发起人，公开选择合适的社会投资人开展伙伴式合作，双方以沼渣沼液等畜禽粪污综合利用产品经销权为基础，通过签署合同明确合作双方的权利和义务，共同推动沼肥还田利用，切实解决畜禽粪污造成的面源污染，实现区域养殖和种植产业协调持续发展。同时，建立健全PPP模式推进农业农村废弃物综合利用项目建设和运行机制。

编印出版《沼气技术手册——户用沼气篇》

为加强沼气从业人员技术水平，提高服务质量和效率，2014年生态总站组织编写了《沼气技术手册——户用沼气篇》。该书是《沼气技术手册》系列之一，以户用沼气从业者为对象、以职业活动为导向、以职业技能为核心，理论联系实际，系统介绍了户用沼气工程系统具体操作的知识、工艺、技术等知识，以及户用沼气的发展历程、沼气的基本特性、户用沼气系统规划设计、施工建设、运行管理、沼气综合利用、沼肥综合利用等方面的知识和技术。通过本书的学习和技能锻炼，将使正在从事或准备从事户用沼气工程系统从业者具备专业技术和能力，成为加强沼气后续管理与服务不可或缺的工具之一。

区域交流

一、举办华中平原地区农村清洁能源区域协作与利用技术培训班

5月21～23日，由生态总站和湖南省农业委员会联合举办的华中平原地区农村清洁能源区域协作与利用技术培训暨农业资源环保与农村能源体制改革研讨班在湖南省长沙市开班。安徽、江西、河南、湖北、湖南、贵州等省农村能源部门和农业资源环保部门负责同志参加了培训研讨。农业部科技教育司副司长（正局级）、生态总站站长王衍亮提出下一阶段我国农村能源建设和体制改革要重点抓好5个方面：一是高度重视农村能源法制法规建设；二是加强标准规范的制定实施；三是进一步明确农村能源的发展思路；四是切实加强农村能源硬件建设；五是大力加强自身队伍建设。

华中平原地区农村清洁能源区域协作与利用技术培训暨农业资源环保与农村能源体制改革研讨班

二、举办西南少数民族地区农村清洁能源区域协作与利用技术交流会

6月24～26日，由生态总站和云南省农业厅联合组织的西南少数民族地区农村清洁能源区域协作与利用技术交流会在云南省昆明市召开，本次会议旨在进一步提升西南少数民族地区干部业务素质和管理能力，促进区域交流与合作。云南、四川、贵州和重庆等西南少数民族省（直辖市）、农村能源系统相关人员近60人参加了交流会，河北省新能源办作为特邀代表也参加了本次会议。

三、举办东北和华北高寒地区农村清洁能源区域协作与利用技术交流会

8月6～10日，由生态总站和内蒙古农牧业厅联合举办的东北和华北高寒地区农村清洁能源区域协作与利用技术交流会在内蒙古赤峰市召开。会议旨在交流东北和华北高寒地区农村能源发展的成功经验与典型问题、提高农村能源干部技术业务水平与管理能力、促进东北和华北高寒地区的区域交流与合作。来自黑龙江、吉林、辽宁、内蒙古、河北、北京、天津和山西等东北和华北地区10省（自治区、直辖市）农村能源主管部门的负责人及具体负责同志等近50人参加了本次会议。

农村节能减排

一、举办第八届中国节能炉具博览会

4月25～27日，由生态总站联合中国农村能源行业协会和河北省农业厅，在河北省廊坊市国际会展中心成功举办了以"节能环保，治理雾霾"为主题的第八届中国节能炉具博览会。

本届节能炉具博览会集中展示了国内外150多家企业的节能环保新技术、新产品、新材料，汇集民用炊事炉、采暖炉、商用锅炉、供热设备以及生物质燃料成型设备等新能源产品，60余家企业的产品进行了现场展示。许多款式新颖、节能环保的炉具及锅炉成为今年展览的主角，一批新型燃煤炉具及锅炉、生物质炉具及锅炉等创新产品、新能源产品的出现赢得了好评。来自洪都拉斯、尼加拉瓜、危地马拉等9个国家的政府官员、能源机构、贸易代表团，以及来自美国、德国、世界银行的项目机构代表等60余名外宾进行了参观、考察和贸易洽谈，达成多项合作意向。

会议期间，生态总站和中国农村能源行业协会共同发布了《全国生物质成型燃料成型设备技术测评结果》，北京奥科瑞丰新能源股份有限公司等14家企业通过了本次活动的测评。

全国生物质成型设备技术测评通过企业一览表

（按行政区划排序，排名不分先后）

企业名称	参测机型	测试地点	测试时间	加工物料
北京奥科瑞丰新能源股份有限公司	兴源牌9SYX-ⅣA型生物质致密成型成套设备	安徽省蚌埠市固镇县	2011年4月20～30日	花生壳,花生壳+树皮（10%～15%）
北京菲美得机械有限公司	菲美得牌HL400--15环磨颗粒机	河北省廊坊市大城县	2013年11月6日至12月7日	棉花秸秆+锯末(5%)
河北天太生物质能源开发有限公司	天太牌9JYP-2000型压块机	湖北省孝感市汉川市	2012年3月1～19日	棉柴＋锯末（20%～30%），棉秆，玉米秸秆，稻草
石家庄东杉机械有限公司	东杉牌9JK-1500立式环模压块机	河北省邢台市邢台县	2013年9月11～29日	模板锯末+砂光粉(50%)
江苏圆通农机科技有限公司	圆通9JYK-2000A型秸秆压块成套设备	江苏省镇江市丹阳市	2012年7月3日至8月8日	水稻秸秆，水稻秸秆+木屑
江苏爱能洁机械制造有限公司	爱能洁牌9EYK1800卧式分体环模压块机	江苏省泰州市姜堰区	2013年11月6日至12月13日	水稻秸秆
安徽鼎梁生物能源科技开发有限公司	鼎梁牌9SKLJP500型生物质颗粒成型机	安徽省宣城市广德县	2013年7月5日至8月11日	松木末(40%)+竹屑（40%）+松毛、锯末及其他（20%）
山东省济宁市同力机械有限公司	昊朋牌TL-9SD56-1000生物质压块机	山东省济宁市泗水县	2013年11月7日至12月11日	玉米秸秆+树皮(20%)
莱州市龙昌机械厂	龙昌牌KL450H颗粒机	山东省青岛市空港工业园区	2013年11月5～28日	锯末
郑州英莱机电设备有限公司	英莱JP-1000平模压块机	河南省洛阳市新安县	2013年7月2日至8月5日	玉米秸秆
安阳吉姆克能源机械有限公司	吉姆克牌ZLSP200B平模颗粒机	河南省安阳市文峰区	2013年11月6日至12月16日	玉米秸秆+油饼，花生壳+油饼
禹州市方正炉业有限公司	方正FLH-K-IV型立式环模压块机	河南省洛阳市嵩县	2011年12月12日至2012年1月12日	玉米秸秆，花生壳，玉米秸秆+木屑
广州贝龙环保热力设备股份有限公司	贝龙牌BLSG-DM-0.7对模滚压生物质固化成型机组	辽宁省沈阳市苏家屯区	2012年3月30日至4月15日	玉米秸秆，花生壳，花生壳+玉米秸秆
成都王安产业有限公司	王安WA-450型生物质压块机	四川省成都市崇州市	2012年3月6日至4月10日	锯末+酒糟，锯末+酒糟+油菜秆

河北省实施农村能源清洁开发利用工程

2014年，河北省委、省政府出台了《关于实施农村能源清洁开发利用工程的指导意见》。力争通过4年努力，到2017年底全省实现农村燃煤清洁燃烧2 100万吨，利用秸秆成型燃料、煤改地热、太阳能等多种模式替代燃煤1 500万吨，每年减排二氧化硫50万吨、烟尘50万吨，同时减少二氧化碳排放。2014年省财政投入4.5亿元，用于农村能源清洁开发利用工程试点示范，探索路子。通过工程实施，实现农村燃煤清洁燃烧400万吨左右，清洁能源替代燃煤100万吨左右，减排二氧化硫、氮氧化物和烟尘20多万吨，减少了大量二氧化碳排放。

二、参与全球清洁炉灶联盟相关活动

5月19～20日，全球清洁炉灶联盟、农业部、国家发展和改革委员会共同在京举办了"中国清洁炉灶与燃料国际研讨会"，旨在推动中国乃至全球更广泛应用清洁炉灶和燃料。来自10多个国家的政府部门、教学科研单位、企业家以及外交使节、国际机构等250多名代表广泛交流了清洁炉灶与燃料领域的工作进展，共同探讨了中国清洁炉灶行动计划，并对今后在中国乃至全球范围内推广清洁炉灶提出了建议。

为让更多农村人口享受到清洁炉灶的好处，农业部与国家发展和改革委员会代表中国在会议上承诺，为实现全球清洁炉灶联盟提出的到2020年在全世界1亿家庭中推广清洁炉灶的目标，将于2020年前在中国至少4 000万户家庭推广更清洁的炉灶和燃料，到2030年全部淘汰低效炉灶和燃料。

为进一步推广清洁炉灶，生态总站不仅和世界银行联合在湖北、辽宁完成了"基于使用效果的融资机制的试点项目"，还和全球清洁炉灶联盟在东北、西北、黄淮海、东南、西南五大区域选择6个典型省市、120个市县区开展了"中国清洁炉灶与燃料市场调研项目"。同时，作为国内技术归口单位，生态总站在国家标准化委员会

中国清洁炉灶与燃料国际研讨会

的支持下，还积极组织国内清洁炉灶和燃料专家参与国际标准化组织清洁炉灶和炊事解决方案技术委员会（ISO/TC285）的工作，先后组织7人次分别到肯尼亚、危地马拉等国家参加TC285的相关活动，在相关标准制定过程中积极提出中方建议和经验。

天津市出台政策支持推广先进民用炉具（无烟煤炉具）

2014年，天津市出台了《天津市农村地区推广先进民用炉具（无烟煤炉具）实施方案》，提出自2014年至2017年，在全市推广先进民用炉具（无烟煤炉具）120万台的目标任务，同时，制定了补助标准为2 100元/台，其中中央（大气污染防治专项资金）补助700元/台，市级财政补助350元/台，区县级财政补助350元/台，其余购置费用由用户自付。

三、逐渐建立农村碳汇自愿交易机制

近年来，我国出台了一系列碳交易和鼓励农村新能源发展政策，相继签发了以农村沼气为代表的农村碳汇交易国际CDM项目，使我国逐渐成为CDM项目第一大国。但由于2011年以后全球第一大碳交易市场欧盟受实体经济不振影响而持续低迷，对碳排放权需求随之下降，CERs（经核准的减排量）供给过剩，价格急剧下跌，欧盟自2013年开始不再接受我国CDM项目减排量指标，我国农村清洁能源项目参与国际CDM发展前景不容乐观。

2011年底，国家发展和改革委员会下发了《关于开展碳排放权交易试点工作的通知》，批准北京、天津、上海、重庆、湖北、广东、深圳等7省市开展国内碳排放权配额交易试点，并于2013—2014年陆续启动7省市碳排放交易所，探索建立农村碳汇自愿交易机制。

湖北省启动农村沼气CCER项目

2014年10月29日，由湖北省农村能源办公室主办、美国环保协会支持、湖北碳排放权交易中心承办的第一期全省沼气开发中国核证减排量项目培训会在武汉光谷顺利召开。标志着湖北省全省范围内的农村沼气开发中国核准减排量（CCER）项目全面启动，核准减排量（CCER）进入市场，一方面可以活跃碳市场，减轻纳入碳排放配额管理排放成本；另一方面也可以帮助全省农林企业、农户获得收益，是"工业补偿农业、城镇补偿乡村、排碳补偿固碳"的生态补偿机制的有益探索。随着此项工作的推动，以后每年将为湖北省农村沼气业主带来4 000万～5 000万元收入。

农村燃气工程远程管理信息平台

为进一步推进我国沼气工程信息化建设和管理水平提升，生态总站组织相关科研院所和企业用户就沼气工程远程信息管理平台的建设情况进行了专题座谈和调研，并深入湖北、江苏、北京和河北等地进行了实地考察，积极探索建立沼气工程远程信息管理平台。

经过行业相关单位的合作努力，生态总站开发了沼气工程远程信息管理平台，并在站内完成了安装调试。该信息平台的搭建已具备基本雏形，并在全国521个沼气工程上开始试运行。在信息平台上，每个沼气工程的具体地理信息在

地图上都有明确标识，通过省市县的选择，可以直接显示某一具体沼气工程的总产气量以及实时流量、温度、压力等信息，同时通过该信息平台的数据管理系统还可以获得全国、省市县、单个工程的月报表和年报表等具体信息。该系统平台利用物联网技术，采用地理信息系统，通过对在线的沼气工程运行状况进行全方位监测和管理，并实现可测量、可识别、可核查、可追溯的管理模式，可为农村沼气转型升级和申请生物天然气用气补贴政策提供必要的技术支撑。

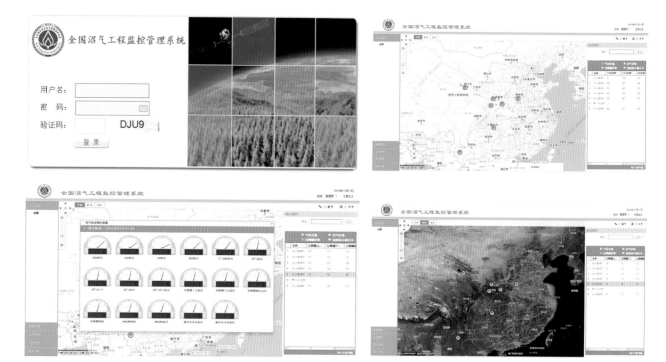

沼气工程在线监控平台

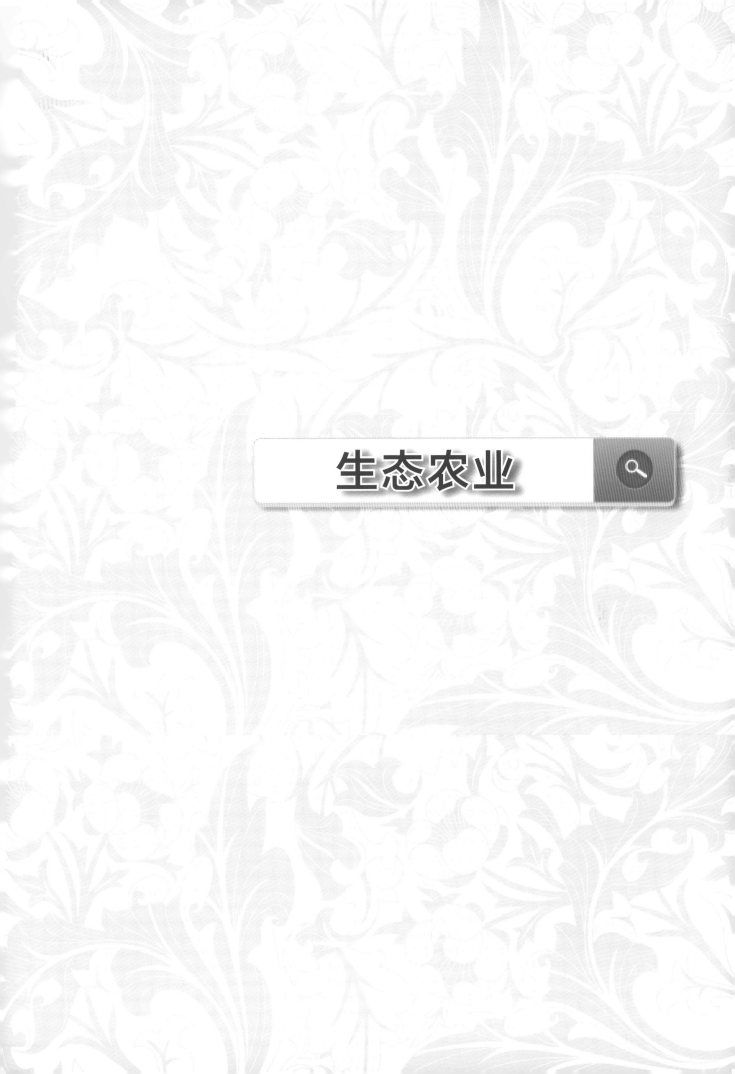

生态农业

2014年，按照中央1号文件要求，积极开展生态农业技术试验示范，大力推进秸秆综合利用工作，着力探索生态循环农业发展模式，不断提高农业资源利用效率和农业废弃物处理水平，确保农业生态环境安全和农产品质量安全。

现代生态农业基地建设

一、启动实施现代生态农业基地农业清洁生产技术试验示范项目

4月，现代生态农业基地农业清洁生产技术试验示范项目正式启动，当年主要在山西、内蒙古、辽宁、山东、河南、湖北、广东、重庆、贵州、甘肃和浙江等地实施。项目将以农民专业合作社、农业产业化龙头企业、农业园区、家庭农场为载体，建设一批现代生态农业技术试验示范基地，因地制宜开展生态农业、清洁生产等技术的试验示范。

二、评审通过现代生态农业创新示范基地建设规划

9月3～4日，生态总站在北京召开甘肃省金昌市金川区、辽宁省辽中县、河南省安阳市、湖北省鄂州市和重庆市巴南区5个现代生态农业创新示范基地建设规划论证会。来自生态农业领域的专家、5省（直辖市）主管部门的负责人及具体负责同志等40余人参加了会议。最终中国农业科学院农业资源与农业区划研究所、北京市农林科学院植物营养与资源研究所关于不同区域生态农业创新示范基地的规划的讲解一致通过评审。

现代生态农业基地农业清洁生产技术试验示范项目启动会

现代生态农业创新示范基地规划论证会

重庆市启动生态农业试点村建设

2014年，重庆市农业委员会启动了生态农业试点村建设，印发了《生态农业试点村建设项目实施方案》，经过区县申报，竞争评选，争取775万元资金在31个自然村首年实施生态农业试点村建设。该项目是以自然村为单元，以种植大户、农业专业合作社和农业龙头企业为载体，通过建设生态田园、推行生态耕制、发展生态产品、培育生态文化和扮靓生态家园等措施，推广清洁生产技术、废弃物无害化处理技术和资源循环利用技术，推动农业产业的生态化转型，减少环境污染和资源浪费，提升农产品品质，提高农业生产者保护生态环境意识。

北京市全力打造种植业生态农业园区

2014年，北京市综合土肥、植保、能源、监测等多项技术，打造了30处种植业生态农业园区。其中：首次结合《种植业生态农业园区评价规范》和物联网技术重点打造了11个核心生态园区，同时，结合北运河废弃物循环利用建立了19处普通生态农业园。重点通过"高精尖"种植、节水、土肥、植保、绿色循环等技术的有机耦合，使之成为展示北京农业科技的窗口，推进京郊生态农业建设和绿色农产品的生产。

新疆吉木萨尔县探索沼气农业生态循环发展模式

2014年，新疆吉木萨尔县三台镇闽疆羊圈台子新村依托农村沼气建设项目，与民丰农业种植发展专业合作社合作运行，建设沼液肥提灌配送设施，种植早熟马铃薯、辣椒、茄子等16种蔬菜共2 000亩。该种植示范园在灌溉中全部使用智能化配送系统，通过使用沼液肥，有效提高蔬菜的抗病虫害能力；在病虫害防治中以生物防治为主，安装杀虫灯加强病虫害防治，同时，通过遥控飞机对2 000亩蔬菜进行叶面喷洒沼液；利用农田环境参数监测信息系统对农田墒情进行测报，真正做到按需、按期、按量自动供给水肥，将先进的技术应用到种植生产全过程。通过这种模式运行，降低农药化肥使用量，促进农业生态环境良性循环和永续利用。

三、构建现代生态农业基地动态监测平台

通过在11个基地的生产关键环节设置传感器、探头、传输设备等，与取样监测相结合，对土壤、水、投入品、农产品品质等进行动态监测，构建生态农业基地生产监测网络与数据平台。该平台面向生态总站、专家和基地用户分别提供不同层次的管理与分析服务。平台具体功能模块包括：项目进展、基地概况、自动监测、环境数据、投入产出、环境评估和系统管理。

循环农业示范建设

2014年，在农业部科技教育司的指导下，生态总站继续推进河北邯郸、山西晋城、辽宁阜新、山东淄博、河南洛阳、湖南常德、甘肃天水、湖北恩施、江西鹰潭、广西桂林10个循环农业示范市建设。11月4日，生态总站在江苏省宜兴市举办了循环农业建设培训班，来自中国农业科学院、北京农林科学院的专家以及全国16个省农业环保站、10个循环农业示范市的相关人员共50余人参加了培训。

河北省邯郸市以100个循环农业核心示范村为重点，开展循环农业技术推广与示范，带动农户近3万户，示范面积20万亩。截至2014年底，共完成统防统治面积500多万亩次，推广农作物测土配方施肥总面积1 200万亩，推广0.008毫米以上的地膜在20万亩以上。完成机械化还田量为530万吨，饲料化利用量为117.2万吨，肥料化利用量为39.2万吨，基料化利用量为23.68万吨，能源化利用量为23.99万吨，初步形成了肥料化、饲料化利用为主，基料化利用稳步推进，能源化利用较快发展的秸秆综合利用格局。

山西省晋城市逐步形成了"猪—沼—菜"、"猪—沼—果"等循环农业产业链。共推广建设各类循环农业项目323个，形成了105个乡村清洁工程示范村、11个循环农业示范区。推广W膜盖集雨补灌技术5 200亩，应用日光温室水肥一体化技术2 301亩，露地水肥一体化1 500亩，秸秆覆盖蓄水保墒培肥技术104.9万亩。推广病虫专业化防治60万亩，利用杀虫灯、性诱剂、生物制剂等绿色防治8万亩，使用与环境相容性较好的高效低毒低残留农药面积150万亩。编制了2014—2020年农业循环经济发展规划，进一步理清农业发展思路，以循环经济的理念发展现代农业。

辽宁省阜新市循环农业建设形成了以农作物秸秆五料化利用、畜禽粪便综合处理为主的农业循环经济体系，实施了农业节地、节肥、节药工程等循环经济模式，开展了以使用沼气、太阳能、秸秆燃气等清洁能源为重点的农村清洁工程行动。截至2014年，实施保护性耕作面积达到200万亩，其中秸秆粉碎还田面积180万亩，秸秆残茬覆盖率在30%以上。推广节水滴灌总实施面积为78.5万亩，推广测土配方施肥550万亩，增施有机肥650万立方米，组织实施了400万亩玉米螟绿色防控项目。新建50立方米以上大中型沼气池2座，推广组合式太阳能房建筑面积2 500平方米，新安装太阳能路灯1 000盏。

山东省淄博市新建农村户用沼气池1 170个，全市农村户用沼气池保有量达到111 500个，发展"猪—沼—果"、"猪—沼—菜"生态模式沼气池20 000余个，依托沼气建设农业标准化生产基地达到32个，绿色蔬菜基地发展到51.3万亩，已认证绿色、有机食品144个、年产量达150万吨，沼肥施用农作物面积30万亩，节省肥料支出3 000万元以上。新建大中型沼气工程2处，全市大中型沼气工程保有量达到32处。

湖北省恩施州完成清洁能源入户工程42 669户。其中，新建沼气池24 513户，推广太阳能热水器3 167台，生物质炉灶14 989户。全年共建成土壤酸化治理示范样板21个，示范面积2.1万亩，技术推广面积39.7万亩，种植绿肥面积25.5万亩。全州共建成7个国家级绿色食品原料标准化生产基地、4个全国有机食品示范基地、1个省级农产品标准化生产示范区和3个省示范基地，10个州级农产品标准化生产基地。编制完成5个部定"美丽乡村"试点村实施方案并启动建设。形成了以沼气为纽带，上连养殖业，下连种植业的"猪—沼—X（茶、菜、果、粮、烟、药）"等多种农业循环经济模式。

河南省洛阳市制订了《洛阳市生态循环农业发展专项行动计划》，并起草了《洛阳市市级生态循环农业园区建设标准》。新建20个高效农业示范园试点，带动发展循环农业园（区、点）面积20万亩，使洛阳市循环农业总面积达150万亩次。新增沼气用户4 500户，新建沼气工程22座，新增太阳能25 731台，面积2.780 7万平方米。建设乡村清洁工程15处，建设生活污水处理池42处，推广测土配方施肥700余万亩。

湖南省常德市构建了山区发展名果、药材、高山蔬菜等为主的生态种植，丘陵区发展立体种植和农牧渔相结合的生态种养，平湖区发展粮畜渔为主的生态循环特色产业。推广性诱剂诱虫等生态调控技术8.8万亩，使用频振式杀虫灯诱杀成虫28.2万亩，黄板诱虫4.5万亩，实施翻耕灭蛹等农业措施面积193.7万亩，释放赤眼蜂防治技术400亩，以螨治螨0.2万亩，推广使用生物农药、高效低毒农药分别达到2 340万亩次和132.4万亩次，实施专业化统防统治150万亩。推广测土配方施肥面积1 207万亩次，其中配方肥施用面积556万亩。对近1 000个规模养殖场进行了标准化改造，推广了生物发酵床养殖技术，2014年新建了8个粪污处理设施。新建设示范村10个，示范户3 800个。

甘肃省天水市示范推广"种—养—加"循环农业生产模式26.2万亩。建成农村户用沼气14.6万户、联户沼气工程11处、养殖小区沼气工程5处、大中型沼气工程4处、县级服务站3处、乡村服务网点526处。完成小麦机械高茬收割面积56.1万亩。新建青贮池14.6万立方米，青贮氨化饲料33.4万吨，秸秆饲料化利用153.51万吨，全市秸秆利用率较上年提高4个百分点。完成测土配方施肥524.8万亩，推广高效农田节水技术25.7万亩，无公害农药推广面积175万亩（其中生物农药示范推广面积58.3万亩），注册专业化防治组织66个。回收废旧农膜1.13万吨，废旧农膜回收利用率达到了75.8%。完成尾菜处理利用技术推广面积7.5万亩，尾菜处理利用率达到26.3%。

江西省鹰潭市雷溪乡依托当地5 000多亩蔬菜基地，建立10个蔬菜废弃物堆沤池，建设蔬菜废弃物沼气池100户，将蔬菜废弃物和生活有机废弃物转化成清洁能源和有机肥料；在金土地农业科技示范区购置并安装水肥一体化滴灌系统5套，铺设田间管网5千米、滴灌带3万米，铺设无土栽培面积7 000平方米，供液管5千米、定植系统5千米，推广水肥一体化滴灌和无土栽培技术。建立、推广"动物粪便+大型沼气+沼气利用（生活燃料）+沼渣沼液利用（温室大棚、生物肥）+绿色农产品生产（菜、鱼）"等生态循环农业发展模式。

广西省桂林市推广测土配方施肥805.65万亩；完成增施有机肥的沃土工程示范110.53万亩；种植绿肥96.86万亩，其中专用绿肥67.53万亩，兼用绿肥29.33万亩。完成秸秆还田技术示范推广436.46万亩。推广实施坡地改梯地、聚土深耕、水肥一体化设施灌溉、集雨灌溉、生物覆盖、生物篱等节水技术129.95万亩。截至2014年底，累计建设池60.43万座，建成并投入使用的养殖场大中型沼气工程项目40余处。围绕沼气综合开发利用，探索出"猪（牛）+沼+果"、"猪（牛）+沼+果+灯+鱼（蛙、鳖）"、"猪（牛）+沼+果+灯+鱼（蛙、鳖）+生物诱虫板（性诱捕器）+捕食螨"、"猪（牛）+沼+果+灯+鸡"、"猪（牛）+沼+菜+灯+鱼"、"猪+沼+厕+燃料"等多种链接模式。

秸秆综合利用

一、实施秸秆综合利用示范项目

2014年，国家发展和改革委员会将农作物秸秆综合利用纳入"资源节约和环境保护中央预算内投资备选项目"，投资7亿元支持16个粮棉主产区和大气污染重点地区开展秸秆综合利用工程项目建设。

二、开展京津冀地区秸秆全量化利用示范工作

生态总站利用农业部财政专项在北京、天津、河北3省（直辖市）遴选3个典型乡镇，制订秸秆全量化利用工作方案，研究长效运行管理机制，开展秸秆综合利用技术经济评估，建设秸秆全量化利用示范点。

三、制订《京津冀及周边地区秸秆综合利用和禁烧工作方案（2014—2015年）》

国家发展和改革委员会、农业部、环境保护部制订了《京津冀及周边地区秸秆综合利用和禁烧工作方案（2014—2015年）》，提出到2015年，京津冀及周边地区秸秆综合利用率平均达到88%以上（其中，北京市力争全部实现秸秆综合利用，天津市达到90%，河北省达到95%，山西省达到85%，内蒙古自治区达到86.5%，山东省达到85%），新增秸秆综合利用能力2 000万吨以上；基本建立农民和企业"双赢"、价格稳定的秸秆收储运体系，初步形成布局合理、多元利用的秸秆综合利用产业化格局；建立并落实秸秆禁烧考核机制，及时公布并向地方政府通报秸秆焚烧情况，不断强化秸秆禁烧监管。

举办全国秸秆综合利用技术培训班

11月，生态总站在北京举办全国秸秆综合利用技术培训班，介绍秸秆资源评价指标体系和评价方法，分析我国秸秆能源化利用现状，解读国内外推动秸秆综合利用的法律法规及政策措施，剖析秸秆综合利用存在问题，探讨区域秸秆全量资源化利用的发展方向、技术规范及发展策略。

江苏省、浙江省出台秸秆综合利用政策文件

江苏省政府出台了《关于全面推进农作物秸秆综合利用的意见》，明确了到2017年秸秆全面禁烧、秸秆综合利用的目标任务和主要利用途径。省环保厅出台了《关于组织申报2014年省级环保引导资金项目（锅炉大气污染整治类）的通知》，对燃煤锅炉改造为烧秸秆成型燃料锅炉项目给予3万元/蒸吨的补助。交通、财政、物价等部门联合出台了《关于农作物秸秆运输车辆免收车辆通行费的通知》，细化明确秸秆运输车辆享受"绿色通道"优惠、免收过路过桥费的政策。

浙江省政府办公厅印发《关于加快推进农作物秸秆综合利用的意见》，提出到2017年力争全省建立起禁止秸秆露天焚烧长效机制和秸秆多元化、产业化利用新格局，2014—2017年秸秆综合利用率分别达到82%、86%、88%、90%以上。

四、编制秸秆综合利用技术目录

为指导各地推广实用成熟的秸秆综合利用技术，推动秸秆综合利用产业化发展，确保实现"到2015年秸秆综合利用率超过80%"目标任

务，国家发展和改革委员会会同农业部编制了《秸秆综合利用技术目录（2014）》。目录从技术内涵、技术内容、技术特征、实施注意事项、适宜秸秆和可供参照的主要技术标准与规范等方面，详细介绍了秸秆肥料化、饲料化、原料化、能源燃料化和基料化五大类别的19项技术。为加强各地秸秆综合利用技术指导，生态总站组织相关专家启动了《秸秆综合利用技术手册》编制工作。

四川省广汉市构建"四位一体"体系深入推进秸秆综合利用产业化

  2014年，四川省广汉市坚持秸秆综合利用产业化道路，努力构建收运、加工、市场利用和综合补贴四大体系，打通了综合利用产业链条，形成秸秆多渠道综合利用格局。一是政府引导，构建一体化收运体系。先后引进3家秸秆收集加工企业，投资1 200余万元，建立了6个秸秆收储加工点和2个临时收集点。引导村社农户成立秸秆综合利用专业合作社17家，开展秸秆捡拾打捆和中转运输业务。秸秆收集加工企业按照每吨280元价格，收购专业合作社秸秆，政府给予专业合作社每吨80元补贴。同时，财政给予农户转运车辆保险补贴和最高每吨30元的运距补贴。二是企业主体，构建规模化加工体系。对秸秆收储加工用地，财政按照每亩1 600元标准给予土地租金补贴。收储加工大棚建设按每平方米20元标准给予补助。对秸秆加工企业电力扩容，给予每个点5万元的财政补助。三是市场参与，构建产业化利用体系。逐渐形成"自销+外销"两条成熟的销售通道。四是突出重点，构建政策性补贴体系。2014年，广汉市对购机奖补政策进行调整，加大财政累加补贴力度，补贴最高额度可达每台2万元，引导农户增购大功率方捆捡拾机30台、粉碎还田机械81台。同时，市财政投入1 906万元，针对专业合作社收购秸秆、车辆转运秸秆、秸秆收储加工用地土地租金、秸秆收储加工大棚设施建设、秸秆加工企业电力扩容、燃煤企业锅炉改造、秸秆生物质燃料替代等环节，分别给予不同标准的财政补贴，形成较为完善的政策补贴体系，有力推动秸秆综合利用产业化。

相关技术试验示范

一、河南安阳县开展沼肥生态农业示范

  在河南省安阳县永和镇的现代生态农业创新示范基地（黄淮海区）内试验示范夏玉米—冬小麦沼肥生态农业技术，建设沼肥生态农业技术示范样板，构建大田沼肥生态农业模式。沼渣用作有机肥进行化肥部分替代，沼液用作灌溉水和追肥，通过长期定位试验，研究分析施用沼渣、沼液地块土壤有机质变化情况、农作物产量、品质变化情况、作物生理特性变化以及经济可行性，为创新农业生产生态循环种植模式及推广应用提供科学依据。

二、辽宁省大连市开发推广IMFZ技术

  IMFZ技术是指有机废弃物沼气化、肥料化与零排放集成技术。该技术采用厌氧发酵与好氧堆肥处理固体废物，生产清洁沼气与绿色有机肥，污染物零排放，实现畜禽养殖粪污与生物质

粪污等综合治理与资源化利用。该工艺采用地上装置发酵，发酵温度为35～40℃，利用瘤胃菌进行秸秆的生物降解处理，降解时间可由传统的40～60天缩短至15~20天，产气量比传统的能提高50%~100%。经过1年多的运行，目前该技术中试成功且部分关键技术已达到了世界领先。

沼肥试验示范

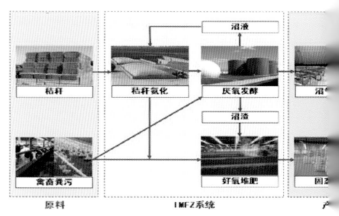

IMFZ典型工艺路线

IMFZ技术中试现场

国际合作交流

积极组织履约跟踪研究，参加联合国气候变化框架公约、联合国生物多样性保护公约相关国际谈判，组织领域内专家参与《关于消耗臭氧层物质的蒙特利尔议定书》、全球农业温室气体研究联盟活动，组织实施国际合作项目，履约和国际合作工作扎实有效。

国际履约与谈判

一、农业资源环境保护国际履约项目

开展《蒙特利尔议定书》国际公约履约活动，在农业领域顺利完成草莓、番茄、黄瓜和茄子作物的甲基溴淘汰履约年度目标；加强农业减缓和适应气候变化的研究，初步收集整理了国内外气候变化相关情况的基线与分析，对我国国际公约及履约现状及相关法律法规的制定、执行情况进行信息收集和调研，提出了相关履约建议；加强了国际交流与履约工作的交流，召开了国际交流与履约工作研讨会，对国际履约工作中存在的问题进行了研讨。

农业行业甲基溴淘汰及土壤消毒技术助力我国生态农业发展

3月25～26日，生态总站在山东省潍坊市举办农业行业甲基溴淘汰及土壤消毒技术培训班，来自项目省县管理与技术人员、分包商、企业等80多名代表参加了培训。中国农业科学院植物保护研究所等单位的中方专家就影响土壤消毒效果的因素及消毒后的管理、植保机械发展趋势、非化学土壤处理技术研究与应用等问题进行了介绍。意大利农业试验援助中心的Giovanni Minuto教授等外方专家就土壤熏蒸的特点及应用方法、土壤（寄主植物）线虫分离、检测、鉴定方法等内容与中方代表进行了充分的交流。会议对2014年农业行业甲基溴淘汰项目工作进行了部署，并组织参会代表赴山东省安丘市参观了棉隆土壤熏蒸现场。

农业行业甲基溴淘汰工作部署及土壤消毒技术培训会

下土壤火焰消毒技术

二、开展甲基溴履约谈判和豁免工作

7月，组织赴法国巴黎参加《关于消耗臭氧层物质的蒙特利尔议定书》第三十四次不限成员名额工作组会议，就中国政府向臭氧层保护秘书处提交的"生姜作物甲基溴必要用途豁免申请"进行谈判。11月，派员赴法国巴黎参加《蒙特利尔议定书》第二十六次缔约方大会，经过多轮谈判，缔约国大会批准我国甲基溴豁免用量114吨，其中大田生姜90吨、保护地生姜24吨，为我国解决生姜土传病害问题提供了缓冲期，保障了姜农的利益。

"农业行业甲基溴淘汰项目"成果显著。2014年项目在河北省、山东省等的11个县市开展甲基溴淘汰相关活动，建立了6个生姜甲基溴替代示范户和2个山药土壤熏蒸示范户，开展了21期甲基溴替代技术培训，培训农技人员和农民2 904人次，1 680个农户使用了甲基溴替代品，完成了208.5公顷土地上的83吨甲基溴替代建立了，实现了中国政府的年度履约目标。

三、参加联合国气候变化和生物多样性等履约谈判

组织专家参加联合国气候变化国际谈判相关会议，会前按照议题分工，精心准备谈判对案和口径，会上积极与相关发展中国家协调、与发达国家磋商，最终达成了出发前制订的对案，有力地维护了我国农业发展空间和农民利益。此外，积极参加国际生物多样性公约谈判，积极应对《名古屋议定书》国际公约。

四、参与全球农业温室气体联盟活动

组织相关专家积极参与联盟活动，参加农田、畜牧、稻田、温室气体清单、碳氮循环5个工作组的研究和交流活动，积极研究、参与联盟相关规则制定，对外展示了我国农业应对气候变化科技成果，发出了我国农业科技界关于温室气体减排活动的声音。

国际组织多双边合作项目

一、"948计划"项目

2014年，启动实施了"948计划"项目"农业生态管护工程技术体系引进与开发"，旨在引进和学习英国、法国农业生态环境管护制度和工程技术体系以及美国、加拿大农场资源保护工程技术体系，解决我国现有农业农村生态环境保护和管护工程技术体系缺失或不完善、工程技术体系应用机制不健全、生态补偿不完善等问题，并建立一套系统完整可选择的工程技术体系，满足未来家庭农场、农业合作组织发展需求，改善农业农村生态环境，加快"美丽乡村"建设。通过消化吸收再创新，在我国河南地区推广应用农业生态管护工程技术模式。2014年项目派团赴英国、法国及美国调研农业生态环境管护制度和工程技术体系，引进国外协调管理、体制机制、技术规程、补贴政策等，并总结建设经验，加快示范推广应用，构建我国农业生态环境保护和管护工程技术体系，提出完善我国农业清洁生产法律法规的建议。

二、节能砖与农村节能建筑市场转化项目

2014年是节能砖与农村节能建筑市场转化（MTEBRB）项目由示范向全面推广转化的重要一年。示范工程项目在全国范围内初步发挥了示范效果；推广工程项目建设在全国3个气候带13个省、市全面展开，截至2014年底，10个示范厂与24个推广砖厂全部具备了批量生产符合国家标准的节能砖能力，节能砖年生产能力达到了总计8.25亿块标砖/年，砖厂直接节能量达120 240吨标煤/年，生产过程CO_2减排量达299 399吨/年；同时，开工建设的节能建筑示

范和推广工程已有50个，27个已经完工，预计全部推广工程将于2015年全部完成，节能建筑数量达到9 669户（套），节能建筑节能率达到50%以上，大大超过了项目文件要求。

在积极开展工程建设的同时，项目在信息传播、政策制定和金融激励机制方面也取得了突破性的进展。信息传播方面，制作完成了节能砖生产技术科教片及农村节能建筑施工工艺科教片，丰富了节能砖与农村节能建筑两个信息平台，组织开展了中央、地方层面节能砖与农村节能建筑相关技术工艺培训26期，共培训约2 400人次；政策方面，支持制定了《DP型烧结多孔砖砌体结构技术规程》和《DP型烧结多孔砖墙建筑结构构造图集》；金融方面，项目设计完善了利用GEF资金撬动墙改基金，扩大了项目的资金可持续配套渠道，2014年底，项目新增配套资金实际落实33.32亿元，大大超出项目文件设计。

联合国开发计划署（UNDP）对"农村节能转与农村节能建筑市场转化项目"在河北省秦皇岛市的示范村（厂）给予高度评价

2014年10月29日，由全球环境基金资助，联合国开发计划署（UNDP）和农业部"节能砖与农村节能建筑市场转化项目"办公室在河北省秦皇岛市望峪村举行示范村（厂）工程检查验收活动。联合国开发计划署驻华代表处和"节能砖与农村节能建筑市场转化项目"项目办公室对该项目给予了高度评价，授予了望峪村国际项目"节能建筑示范村"、授予了秦皇岛发电有限责任公司晨砻建材分公司国际项目"节能建筑示范企业"的荣誉称号，以鼓励和发动更多的村镇和企业投身到农村建筑节能减排事业中，为全球环境的改善做出更多、更大的贡献。

项目示范工程授牌仪式

项目推广工程

三、推进气候智慧型农业项目

6月，财政部与世界银行共同签署了气候智慧型主要粮食生产项目赠款协议，并于2014年9月19日正式启动。2014年，项目主要以推进粮食主产区农田生产节能减排与固碳能力提升为核心目标，紧紧围绕项目区技术示范与应用和项目区农民技术服务与培训两项基础和核心性工作，全力推进各项活动。截至2014年底，项目区建立了项目实施管理体系，制订了2015年工作计划及工作实施方案，并按照实施方案落实每一项活动，项目各项工作总体运行良好，执行进度基本合理。

农业部—世界银行—全球环境基金（GEF）正式启动"气候智慧型主要粮食作物生产项目"

2014年9月，农业部、世界银行和全球环境基金启动"气候智慧型主要粮食作物生产项目"，通过引进国际气候智慧型理念和技术，推动粮食作物生产节能减排与固碳技术创新和政策创新，并在我国河南、安徽两个主要粮食主产区进行气候智慧型粮食作物生产示范，探索如何在粮食生产在保障产量目标和农民收入不减少的同时，做好农业节能减排工作，减少农业生产对产地环境和大气环境影响，走出一条适合我国国情的环境友好型的农业可持续发展之路。

"气候智慧型主要粮食作物生产项目"不仅能够促进粮食生产减排固碳，适应气候变化，同时能够提高粮食生产力，保证粮食安全。项目将通过引进国际气候智慧型理念和技术，减少农业生产对产地环境和大气环境影响，探索一条适合我国国情的环境友好型农业可持续发展之路。

全球环境基金气候智慧型主要粮食作物生产项目启动与研讨会

四、继续推进中德沼气合作项目

2014年，中德沼气合作按照行动计划要求顺利开展，一是生态总站与德国GIZ公司共同完成了中德沼气研发中心可行性研究报告，提出了研发中心的组建方案；二是在2013年3个示范工程选址的基础上，再次提出6个示范工程选址，并与德方一起进行实地调研和考察，并确定了最终的候选地址；三是3月31日至4月5日组织了10家科研教学单位和沼气企业赴德国柏林参加了由德国农业部主办、德国生物质能研究中心（DBFZ）承办的世界沼气大会，双方代表就合作建设"中德沼气合作研发中心"和企业间的合作合资进行了广泛而深入地探讨；四是10月16～17日，中国沼气学会、西北农林科技大学和德国农业协会共同在陕西杨凌召开了"2014年中国沼气学会学术年会暨中德沼气技术论坛"，来自中德沼气行业领先企业、相关部门的领导与负责人、全国高校及科研院所的专家学者近400人出席了本次论坛，为中德两国沼气行业的从业者搭建了专业的交流平台；五是联合中国农业大学对德国沼气政策进行了系统研究，提出《德国沼气能源政策分析报告》；六是编印了中德沼气合作宣传册，宣传中德沼气合作取得的进展。

德国柏林世界沼气大会

五、中国—FAO"国内外人与气候节能型粮食生产合作项目"

2014年，生态总站积极组织相关力量开展相关工作，圆满完成了项目协议书提出的各项任务。一是完成了中国节能型粮食作物的现状和发展经验报告。二是组织FAO代表赴北京和河北等地对农村沼气、太阳能热利用和省柴节煤炉灶炕等农村能源示范工程进行了实地考察。考察结束后，与FAO项目官员召开了小型圆桌会议。三是制定了"中国—FAO国内外人与气候节能型粮食生产合作项目"的合作概念文件，旨在将中国农村能源成功经验和技术介绍至亚非拉等发展中国家并在

中德沼气合作宣传册

中国开展政策和能力建设。四是联合农业部国际交流中心在四川省都江堰市召开"在发展中国家推进智能型粮食安全和农村发展"高层对话，并提出在发展中国家开展智能型粮食安全和农村发展的行动计划。五是组织翻译了中国户用沼气池的6个主要标准，以此作为向其他发展中国家进行南南合作技术转移的内容之一。

在发展中国家推进智能型粮食安全和农村发展高层对话

中欧农业农村环境保护技术与经验交流专家座谈会

4月22～23日，由生态总站、中国—欧盟政策对话支持项目二期（PDSF-II）办公室及中国农业生态环境保护协会举办的中欧农业农村环境保护技术与经验交流专家座谈会在北京顺义成功召开。中欧双方代表重点围绕农业环境污染防控、农村生态景观规划与生物多样性保护、农业环境保护技术与经验传播推广等开展讨论交流。高尚宾副站长介绍了当前我国农业环境污染防治技术及案例，并就农业面源污染防治技术、相关典型案例等进行了讲解。中欧农业农村环保领域的专家、技术推广和宣传人员参加了本次活动。

信息与培训

2014年，信息与培训工作主要围绕推进行业信息化建设、做好行业信息统计、加强职业技能开发、组织体系培训、加强业务交流等进行，在加强信息平台建设、争取资金投入、完善网络运行等方面取得了新进展。

行业信息化建设

一、加强信息系统运行维护

（一）整合提升相关网站

进一步整合农业部农村能源职业技能鉴定指导站、农业部农村能源职业技能鉴定站、中国农村能源行业协会、中国农业生态环境保护协会、中国沼气学会、中国野生植物保护协会农业分会等有关机构、行业协会及其相关分会网站平台资源，加强专业网站的建设。全面提升生态总站官网（http://www.reea.agri.cn/）、生态家园网（http://www.china-ehome.net/）和美丽乡村网（http://www.beautifulcountryside.net/）。

（二）组建行业信息员队伍

生态总站自2013年起开始建设"农业资源环保和农村能源行业信息报送系统"，2014年12月底系统建设完成并正式上线。依托此信息报送系统，生态总站组建了全国农业资源环境保护和农村能源利用行业信息员队伍。行业信息员队伍自组建以来，在传播行业科学知识、提升行业形象、营造良好的社会氛围等方面发挥了重要作用。

全国农业资源环境及农村可再生能源信息统计培训班

6月12～13日，生态总站在内蒙古自治区呼和浩特市举办了2014年全国农业资源环境及农村可再生能源信息统计培训班。来自全国各省（自治区、直辖市）及计划单列市农业环保站、农村能源办的70多名统计工作人员参加了培训，培训班就统计政策、理论与方法，统计报表制度以及梳理收集整理汇总审核等进行了讲解。

全国农业资源环境及农村可再生能源信息统计培训班

（三）强化行业信息服务

生态总站成立后，搜集汇总了自1973年以来历年的农村能源利用相关统计数据和自1984年以来历年的全国农业资源环境保护相关统计数据，积累了大量的第一手资料。通过系统整理和分析这些历史数据，为政府决策和两个体系的建设与发展提供了大量有益的指导性信息。

二、建设信息化综合展示平台

（一）生态农业基地动态监测平台

由北京农业信息技术研究中心负责信息平台构建及自动采集指标监测；省级农业环保站负责人工采集指标的取样测试工作，并将测试数据提交给北京农业信息技术研究中心。目前，已经完成了11个基地监测设备的安装调试工作，构建起了生态农业基地动态监测平台。

（二）外来入侵物种防控信息平台

包括4个数据模块：一是外来入侵物种信息库，包括分类地位、识别特征、图谱、分布危害、生物生态学、分子生物信息等；二是外来入侵物种预防控制预案库，包括风险分析、紧急扑灭技术、根除技术、减灾技术、生物防治与生态修复技术、监测技术等；三是外来入侵物种调查数据库，对列入《全国重点管理外来入侵物种名录》的52个入侵物种在各地的分布、发生、数量、危害等情况进行清查摸底；四是外来入侵物种管理数据库（外来入侵物种分类专家、管理专家、防控专家）。

（三）农业面源污染监测数据信息平台

依托全国农业面源污染监测国控网和两年一次的数据更新调查工作，建立农业面源污染监测点位基本信息、监测数据、调查数据库。一是建立农业面源污染监测国控网基本情况数据库。收集整理全国273个种植业氮磷流失监测点位和25个畜禽养殖污染监测场基本情况、建设情况和监测点土壤基本特性数据。编辑整理监测点建设图片资料，在信息平台上予以展示。二是建立

农业面源监测数据库。与中国农业科学院农业资源与农业区划研究所、环发所等单位加强合作，开发畜禽养殖场污染监测数据上报系统，将种植业氮磷流失、畜禽养殖业污染物排放和地膜残留监测数据上报系统移植至生态总站信息平台。三是典型流域农业面源污染监测站点建设。选择三峡库区、洱海流域农业面源污染综合治理示范区开展流域断面在线监测、视频数据实时上报系统试点建设，探索建立流域尺度农业面源污染监测站点，实现生态总站信息平台实时数据传输和展示。

（四）农村能源信息化平台

通过与武汉四方光电有限公司和北京金点子科技有限公司合作，搭建农村沼气信息化远程管理平台。在生态总站搭建一个沼气工程远程信息平台，遴选了湖北、河北和内蒙古等10省（自治区、直辖市）519个项目点，连续监测其产气量、发酵温度等关键运行参数。该远程信息化管理平台通过统计每个项目点日、月、年度的产气状况，统计分析运行过程数据，探讨沼气信息的分地区、分级管理模式，为政府决策和产业发展提供数据等信息支持。

（五）国际项目信息化管理和交流平台

目前已建成节能砖项目管理平台、甲基溴项目管理平台等。

培训与职业技能鉴定

一、加强职业技能开发基础性工作和体系建设

（一）开展国家职业分类大典修订工作

为积极配合新版《国家职业分类大典》的出台，多次组织有关专家对各个职业工种信息进行研讨修改。

（二）组织国家职业技能培训教材和国家题库开发

一是完成了国家职业标准《太阳能利用

工》的修订。二是开发完成了《沼气物管员》技师和高级技师部分的教材，其中技师教材已出版并使用于日常鉴定培训业务工作。

（三）加强职业技能鉴定工作人员队伍建设

一是分两期组织行业内27人次参加农业部职业技能鉴定指导中心的督导员资格认证培训。二是举办行业内的考评员认证资格培训，共计257人次获得了考评员及高级考评员证卡。

二、加强高技能人才队伍建设

（一）开展第十二届"全国技术能手"举荐工作

贵州省农村能源管理站推荐的吴建清同志，通过层层选拔，获得人力资源和社会保障部2014年第十二届"全国技术能手"荣誉称号。

（二）举办2014年中国技能大赛——第三届全国沼气生产职业技能竞赛

9月25～26日，农业部科技教育司会同中国农林水利工会、中国就业培训技术指导中心在广西南宁举办了第三届全国沼气生产职业技能竞赛，该活动纳入2014年中国技能大赛的二类大赛。农业部、人力资源和社会保障部、中华全国总工会等有关同志亲临现场指导。农业部职业技能鉴定指导中心、生态总站、广西壮族自治区总工会、广西壮族自治区职业技能鉴定中心、广西壮族自治区林业厅、广西壮族自治区农业厅、广西壮族自治区林业科学研究院等部门共同承办了决赛阶段的有关活动。

竞赛现场

参加决赛的27个代表队经过理论考试、现场农村沼气设施修建和管网工程实施的考核，最终广西代表队获得第一名，李拥民荣获"全国五一劳动奖章"和"全国技术能手"称号；湖北代表队获得第二名；陕西代表队获得第三名，徐古志和李发宝分别荣获"全国技术能手"称号。

（三）多渠道开展高技能人才培养

2014年，与德国国际合作机构(GIZ)相继开展了第四、第五次合作培训，累计培训鉴定高技能人才105人次，并按计划合作开发了《沼气物管员（技师、高级技师）》教材。

成都沼气物管员培训班现场

三、加强职业技能鉴定工作质量管理

（一）继续实施质量管理责任书制度

农村能源行业职业技能鉴定指导站与农业部职业技能鉴定指导中心签订了《2014年度农业行业职业技能鉴定质量管理责任书》，制订了《2014年度农村能源行业职业技能鉴定质量管理责任书》，并及时与29个鉴定站函签了质量管理责任书。

（二）严格规范职业资格证书办理程序

开展29家所属鉴定站鉴定许可证换发工作，进一步规范证书核发程序，认真做好证书上网数据的整理工作，确保上网信息真实，保证数据安全。2014年度农村能源共计办理证书9 435人次，有关情况见以下两表。

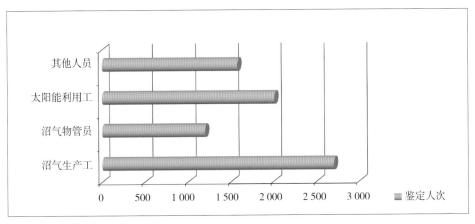

2014年度农村能源职业技能鉴定分工种统计情况

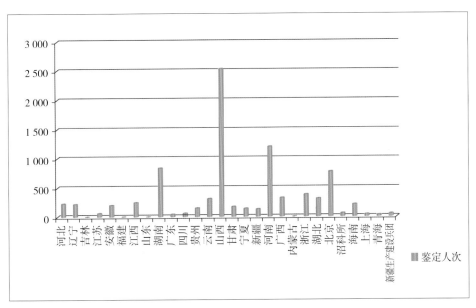

2014年度农村能源职业技能鉴定分工种统计情况

（三）联合开展太阳能利用工职业技能鉴定

充分利用展览、展会及经常深入企业的机会，积极与中国农村能源行业协会开展合作，在农业021鉴定站业务范围内开展了太阳能利用工培训鉴定，2014年度累积培训相关人员近1 000人次。